绿色钢铁

——中国钢铁企业厂区绿化、矿山复垦成就巡礼

中国钢铁工业协会绿化工作委员会　编

北　京

冶 金 工 业 出 版 社

2016

内 容 提 要

本书集中反映了我国钢铁行业近几十年来在节能减排、保护环境、建设资源节约型和环境友好型企业中的成就。标志着我国建设绿色钢铁的理念、工作和技术迈上了一个新的台阶，从一个侧面展现出了我国从钢铁大国向钢铁强国的转变轨迹。

图书在版编目（CIP）数据

绿色钢铁：中国钢铁企业厂区绿化、矿山复垦成就巡礼 / 中国钢铁工业协会绿化工作委员会编 . —北京：冶金工业出版社，2016.9
ISBN 978-7-5024-7177-4

Ⅰ . ①绿…　Ⅱ . ①中…　Ⅲ . ①钢铁工业—环境保护—概况—中国—图集
Ⅳ . ① X171　② F426.31

中国版本图书馆 CIP 数据核字（2016）第 214865 号

出 版 人　谭学余
地　　址　北京市东城区嵩祝院北巷 39 号　邮编　100009　电话　(010) 64027926
网　　址　www.cnmip.com.cn　电子信箱　yjcbs@cnmip.com.cn
责任编辑　姜晓辉　美术编辑　吕欣童　版式设计　吕欣童
责任校对　禹 蕊　责任印制　李玉山
ISBN 978-7-5024-7177-4
冶金工业出版社出版发行；各地新华书店经销；北京博海升彩色印刷有限公司印刷
2016 年 9 月第 1 版、2016 年 9 月第 1 次印刷
260mm×285mm；9 印张；243 千字；92 页
300.00 元
冶金工业出版社　投稿电话　(010) 64027932　投稿信箱　tougao@cnmip.com.cn
冶金工业出版社营销中心　电话　(010) 64044283　传真　(010) 64027893
冶金书店　地址　北京市东四西大街 46 号（100010）　电话　(010) 65289081（兼传真）
冶金工业出版社天猫旗舰店　yjgycbs.tmall.com
（本书如有印装质量问题，本社营销中心负责退换）

序

中国钢铁行业积极响应党中央国务院植树造林，绿化祖国的号召，为实现中国钢铁人以低碳、经济、环保、绿色、可持续发展的理念，实施了一系列的造林绿化工作，并取得了显著成效。目前，钢铁生产企业厂区绿化覆盖率达到 38% 以上，绿地率达到 35%；冶金矿山企业平均绿化覆盖率达到 35% 以上，绿地率达到 30%。基本实现了"乔、灌、草"相结合的以绿为主，绿中求美，"三季有花、四季常绿"，源于自然、高于自然的生态环境建设目标。经过多年的努力，大部分钢铁企业已分别进入地方政府、行业、全国绿委，评选的绿化先进行列，目前共有全国绿化先进单位 12 家、全国绿化模范单位 18 家、全国绿化特殊贡献单位 2 家。

《绿色钢铁——中国钢铁行业厂区绿化、矿山复垦成就巡礼》一书，集中反映了我国钢铁行业近几十年来在绿色发展、节能减排、保护环境、建设资源节约型和环境友好型企业中的成就。收录的材料反映了国内部分主要钢铁企业的做法、经验、成就，具有代表性和典型意义。党的十八大明确提出了："建设生态文明，是关系人民福祉、关乎民族未来的长远大计。"国内各钢铁企业积极响应国家号召，不断引进先进环保技术、加大环保投入，努力创建生态环保型、社会和谐型企业，下大气力不断强化企业绿化工作，成为构建绿色钢铁的重要基石。

本书的出版标志着我国建设绿色钢铁的理念、工作和技术措施从钢铁大国向钢铁强国的转变轨迹。本书所介绍的钢铁企业把发展绿色钢铁上升到造福子孙后代、促进经济发展、塑造企业形象、提高核心竞争力的重要高度。正是在这样先进理念的引领和明确认识的指导下，各钢铁企业积极主动、坚持持久地开展环境绿化美化工作，科学规划，加大投入。在环境绿化的具体实施过程中，各钢铁企业都做到了有规划、有组织、有经费、有考评、有奖励，有步骤地进行环境绿化美化工作，不断扩大绿化成果。各钢铁企业都建立了有公司领导负责的组织机构，做到有专门机构、有专业人员、有专门经费、有各自责任。正是有了这样强有力的组织机构，加上层层落实的责任制，确保了企业环保绿化工作的有序有效开展，形成长效机制。从书中收录企业的经验来看，形成长效机制，长抓不懈是一个必须坚持的工作重点。

环保绿化工作作为建设绿色钢铁的重要环节，要与提高钢铁企业竞争力、加速转型发展紧密结合起来，与环境保护、节能减排、良性循环、可持续发展紧密结合起来，与建设生态文明、建设和谐社会和造福子孙后代紧密地结合起来。我们期待着本书的出版，为我国钢铁工业绿色发展加油鼓劲。

2016 年 9 月

冶金绿化工作回眸

新中国的钢铁工业是在战争废墟上，经过几代钢铁人的艰苦创业、顽强拼搏和自主创新，建立起来的。在其发展过程中，各企业始终把环境保护、绿化厂区放在十分重要的位置，在建厂的同时就开始了厂区绿化，在生产的同时就十分注重环境保护。

30多年前，为响应全国人大五届四次会议《关于开展全民义务植树运动的决议》和国务院《关于开展全民义务植树运动的实施办法》，一场规模宏大的植树造林、复垦矿山、绿化厂区、美化家园的活动就已经在冶金行业蓬勃开展起来。

30多年来，从冶金工业部、国家冶金局到中国钢铁工业协会绿化委员会，始终在全国绿化委员会的领导下，在全行业内大力开展全民义务植树活动中，实施了一系列造林绿化和矿山复垦造林的绿化工程，不断提升企业绿化水平和质量。截至2012年，冶金行业大多数单位的厂区绿化覆盖率达40%以上，绿地率达35%以上；矿山企业绿化覆盖率达35%以上，绿地率达30%以上。实现了经济、社会、生态三个效益的同步发展。

一、领导重视、机构健全、规划明确、分步实施，绿化水平不断提高

30多年来，冶金工业部（后为国家冶金工业局、现在的中国钢铁工业协会）及所属的各工厂矿山等单位先后成立了绿化委员会；各单位历届领导都十分重视绿化工作，指派1~2名主要领导分管绿化工作；许多单位还建立了绿化专业机构和队伍，绿化从业人员10万余人。从此，各单位开始了"全面规划、分步实施"的绿化战略。

20世纪80年代初，冶金工业部绿化委员会提出了"黄土不露天"的绿化目标。在五年以内就有武钢、宝钢、鞍钢、马钢等一大批特大型企业实现了上述目标；80年代中期又提出了创建"园林式工厂"、"花园式工厂"，工厂矿山出现了一座又一座园林景观；90年代初期，又提出了绿化与技改"三同时"。进入21世纪后，随着社会的不断进步，对环境质量的要求也不断提高。为此，宝钢率先提出了"以绿为主，建设生态园林工厂"的绿化理念，"走可持续发展道路"的绿化模式。在全行业又掀起了一场大规模的绿化改造浪潮。鞍钢、包钢、马钢、杭钢、唐钢、太钢、昆钢、酒钢、攀钢等一大批企业先后提出"打造绿色钢城，创建生态型钢铁企业"的绿化目标。

二、建立机制、健全制度，大力开展全民义务植树活动

冶金行业各企业一直将全民义务植树活动作为冶金绿化工作的重点来抓，纷纷制定了符合本单位实际的《绿化管理办法》等一系列规章制度，成立了绿化委员会办公室等绿化管理机构。各单位主要领导每年都带领广大职工积极参加义务植树活动。30多年的义务植树活动，取得可喜成绩。例如：首钢累计参加义务植树300万人次，累计植树1200万株；这期间还有近40万名首钢职工参加了北京市山区义务植树，累计植树163万余株，面积6000余亩，成活率95%以上。包钢参加义务植树150万人次，植树203万株，建成义务植树基地6个、生态林带17个，成为塞北高原上一颗璀璨的明珠。济钢义务植树41.4万株，参加义务植树达10.14万人次。天津铁厂参加义务植树的人数达5.3万人次，植树9万株，建立领导干部绿化示范点2个，兴

建义务植树基地 6 个。攀钢参加义务植树 25 万人次，累计植树乔木 262 万余株、灌木 153 万株、藤本 22.89 万株、绿篱 54.61 万米。杭钢义务植树 100 余万株，参加义务植树人次年年超额完成。

据不完全统计，30 多年来，全行业累计参加义务植树 2103 万人次，植树 8580 万株，义务植树尽责率达 98% 以上，各单位职工群众植纪念树、种纪念林已蔚然成风，植绿、爱绿、护绿已成为全体干部职工的自觉行动。

◎　三、加强绿化宣传工作，充分调动全体员工参与绿化工作的积极性

我们创办了全国唯一的行业绿化专业报——《冶金绿化报》。《冶金绿化报》作为一张行业绿化专业报，自 1987 年创刊以来，根据冶金行业特点，坚持面向冶金绿化和服务冶金绿化的宗旨，大力宣传冶金绿化在国土绿化、生态建设中的突出地位，着力报道冶金绿化事业取得的丰硕成果，热情讴歌冶金绿化的先进典型，广泛传播绿化科技知识，对促进冶金绿化建设、弘扬冶金绿化精神、鼓舞冶金绿化职工士气，提高广大职工绿化意识，为推动全行业的绿化工作，起到了重要作用。

同时，各单位还利用会议、板报、广播、电视、报刊等大力宣传植树造林的重大意义，充分调动广大职工参与绿化工作的积极性，使得全行业绿化意识、环境意识高涨。

◎　四、加大冶金绿化投资力度，确保生态建设和改善环境目标的实现

为了实现改善生态环境的目标，全行业在矿石涨价、利润下降、生产成本增加和金融危机等困难的情况下，各单位领导仍然按计划进一步加大绿化资金的投入。并根据冶金行业的自身特点，通过新区规划建绿、厂区改造扩绿、老区拆旧增绿、庭院拆墙透绿、周边区域生态林带屏障添绿、生活区重点护绿等多种形式和手段，有力地推动了生态建设的进程，加快了冶金绿化工作的步伐。由于资金到位，绿化进程大大加快，厂区面貌发生了根本改变，基本实现了"林在厂中，厂在林中"的绿化目标。

据不完全统计，30 多年来，全行业绿化专项投资近 200 亿元，绿化面积已达 4.5 万公顷。

◎　五、加大矿山复垦造林力度，着力保护国土资源

冶金矿山坚决按照国家"谁开发，谁复垦"原则，把国土资源保护、矿山复垦造林工作融入到国土绿化的总体战略中，做到认识到位、资金到位、措施到位、工作到位。例如：武钢大冶铁矿坚持用"心态改变生态、心境改造环境"的理念指导全矿绿化、复垦及环保工作，大力实施"修复环境、改造环境、治理环境、再造环境"的科学发展之路，不断推进环境友好型矿山、森林化矿山建设，建成了亚洲最大硬岩复垦生态林和全国首座国家级矿山公园，形成了"矿在园中、园在绿中、绿如画中"的生态环保格局。鞍钢矿业公司因地制宜，科学治理，不断创新复垦造林新思路，制定了"分头实施、分期治理"的复垦规划，通过科学试验，攻克了重重难关，复垦面积达 286 万平方米。此外，攀钢矿业公司、首钢矿业公司、鲁中矿业公司、邯邢矿务局等冶金矿山企业，以科技为先导，研究和开发适合本矿山立地条件的植物品种，探索加强矿山复垦绿化技术研究，扎实推进矿山复垦造林的工作。

据不完全统计，30 多年来冶金矿山复垦造林面积累计达到 1100 公顷。

六、团结协作，相互交流，推进冶金绿化工作长期均衡发展

在原冶金工业部绿化工作委员会的主持下，于1990年和1996年成立了"全国重点冶金矿山绿化促进会"（简称"促进会"）和"全国冶金企业绿化协作组"（简称"协作组"）。

"促进会"和"协作组"自成立以来，始终将提高行业绿化水平、实现共同发展作为工作重点，提出了"天下绿化是一家、经验技术共享它"口号。坚持每年召开年会，总结工作，表彰先进，交流经验，听取上级领导对绿化工作的指示和要求，参观和学习承办单位的绿化成果和经验。2010年，根据全国绿化工作委员会的要求，中钢协绿化工作委员会与"协作组"常务理事会决定建造"钢铁风情园"，参加第二届中国绿化博览会。根据设计要求，武钢、安钢提供了苗木，天津钢管公司提供了无缝钢管，莱钢提供了H形钢，安钢提供了钢轨，包钢白云鄂博铁矿和五矿邯邢矿业公司提供了大型矿石标本，为"钢铁风情园"的建设提供了有力保障。经博览会组委会评比，"钢铁风情园"获得"室外展园金奖"、"优秀组织奖"、"先进工作单位"等三项大奖。

七、注重科技兴绿，提高绿化队伍的整体素质

"科技兴绿、培养人才"是冶金绿化工作中经过实践证明的一条行之有效的途径。多年来，冶金行业各单位在实施这一战略过程中，普遍认为切实注重人才引进和培养，多渠道筹集绿化科研经费，针对性开展绿化科研项目，有效组织绿化科研活动，真正发挥科学技术在生态园林工厂建设中的作用，是企业绿化建设的发展和企业绿化美化水平提高的必然之路。例如：安钢通过社会教育、专业培训、岗位练兵、技术比武等多种形式，使作业技师、高级工、中级工达到70%以上，大学学历达到10%以上，建立了一支与绿化发展相适应的队伍。武钢每年都有组织绿化职工进行专业理论培训和实际操作演练，聘请各个专业技术人员讲课，具有较强的针对性和实用性，提高了绿化职工的专业理论素质，提高了实际操作水平。首钢拥有自己的绿化科研所和科研人员，在绿化工作科技攻关方面，先后获得国家、市级以上各类奖项260余项。宝钢会同上海华东师范大学环境科学系专家学者，对生态和绿地资源调查研究，结果表明：宝钢生态园林建设成果在国内外具有重要影响力，对工业企业发展循环经济和生态园林建设具有重要参考价值，达到同类行业生态园林建设的国际领先水平，获得"可持续发展最佳实践奖"。

八、加强绿化管理，巩固和保护冶金绿化成果

经过几十年的艰苦奋斗，冶金绿化取得了巨大成就。各企业在绿化面积、绿化植物品种不断增加的同时，认真执行国家有关法律法规，及时制定或修改了本企业的绿化管理制度，严格征占绿地的审批管理，加强绿化执法，依法严厉处罚非法砍伐树木和占用绿地的行为。例如：太钢、攀钢、安钢、杭钢、宝钢等企业都有一套完整、配套的绿化规章制度，从制度政策上给绿化养护提供了有力保障。

九、认真履行绿委职责，推进行业绿化深入持久开展

总体来看，过去的30多年，是冶金绿化快速发展、再创佳绩的30多年，是冶金绿化功能逐步扩展、作用不断彰显的30多年，也是冶金绿化质量全面提升、成效更为明显的30多年。在探索和实践过程中，我们也积累了一些宝贵经验。

一是切实加强冶金绿化工作的组织领导。冶金绿化工作是一项群众性、公益性、政策性很强的工作，必须依靠各企业党委

和行政强有力的组织领导。

二是要进一步加强绿化机构建设。各冶金企业要加强绿化委员会及办公室建设，健全机构，充实人员，保证办公条件和工作经费，为冶金绿化事业又好又快发展提供坚强的组织保障。

三是继续深入开展全民义务植树运动。这是推进国土绿化事业的伟大创举，是被30多年实践证明行之有效的重大举措。

四是着力巩固冶金绿化成果。"十二五"期间，我们面临着经济发展和保护生态的双重任务，各单位要在认真执行国家有关法律的同时，及时制定或修改本企业的绿化管理制度，严格征占绿地的审批管理，依法严厉处罚非法砍伐树木和占用绿地的行为。

五是要继续发挥"全国冶金企业绿化协作组"、"全国重点冶金矿山促进会"的纽带作用，促进冶金绿化事业共同发展。

六是加大绿化宣传力度，办好《冶金绿化报》。绿化宣传工作是绿化工作的第一道工序，是一件长期而重要的任务。《冶金绿化报》要根据行业特点，坚持面向冶金绿化和服务冶金绿化的办报宗旨，大力宣传冶金绿化在国土绿化、生态建设中的突出地位，着力报道冶金绿化事业取得的丰硕成果，热情讴歌冶金绿化的先进典型，广泛传播绿化科技知识，促进冶金行业绿化建设、弘扬冶金绿化精神、鼓舞冶金绿化企业职工士气，使生态文明观念深入人心。

国土绿化是一项功在当代、荫及子孙、泽被千秋的伟大事业。我们要把冶金绿化融入国土绿化总体发展战略之中，要以"三个代表"重要思想为指导，深入贯彻落实科学发展观，以促进企业经济可持续发展、提高职工生产生活环境质量为目标，深入开展全民义务植树运动，开拓创新，真抓实干，促进冶金绿化健康快速发展，为我们冶金企业营造更加优美的环境。

（沈国庆　撰稿）

目　录

第二届中国绿化博览会"钢铁风情园"建设···0

第三届中国绿化博览会"钢铁风情园"建设···1

绿色首钢进行曲···2

建设绿色的首钢迁钢公司···4

天津钢铁集团有限公司的绿化工作···6

太行明珠　美丽家园

　　——天津天铁冶金集团有限公司绿化工作纪实·······································8

绿色钢城绘就和谐画卷

　　——天津钢管集团股份有限公司绿化工作纪实·····································10

五矿邯邢矿业有限公司　绿化复垦喜见成效···12

全力打造"绿色安钢　亮丽安钢　和谐安钢"···14

加强绿色生态建设　打造美丽和谐唐钢···16

河北钢铁集团邯钢公司建设特色绿化　打造魅力钢城·······································18

河北钢铁集团　舞阳钢铁公司绿化工作经验介绍···20

太钢推进绿色发展　打造都市型钢铁企业···22

中阳钢铁企业的辉煌和绿色相伴···24

用心血和汗水谱写包钢厂容治理新篇章···26

建设美丽的鞍钢···28

从城市沙漠到生态观光园

　　——鞍钢矿山复垦纪实···30

建设美丽凌钢

　　——凌源钢铁集团有限责任公司建设花园式工厂纪实·························32

宝钢集团建设生态型园林工厂巡礼 ……………………………………………34

宝钢特钢有限公司绿化工作小结 ……………………………………………36

八钢绿化、环境治理工作成就显著 …………………………………………38

转型创新发展　打造绿色画廊

　　——南京钢铁联合有限公司绿化工作集锦 ……………………………40

杭州钢铁集团公司绿化工作成就斐然 ………………………………………42

科学规划　多措并举推动马钢厂容绿化美化工作健康发展 ………………44

绿满钢城　诗意栖居

　　——福建省三钢（集团）有限责任公司绿化工作纪实 ………………46

要金山银山更要绿水青山

　　——新余钢铁集团有限公司绿化工作纪实 ……………………………48

山钢集团打造绿色生态钢铁家园 ……………………………………………50

绿色，让一个老国企如此美丽

　　——山钢集团张钢总厂绿化工作实录 …………………………………52

鲁中矿业有限公司绿化发展纪实 ……………………………………………54

新世纪武钢绿化科学发展纪实 ………………………………………………56

用心态改变生态

　　——武钢大冶铁矿复垦绿化30年 ………………………………………58

武钢金山店铁矿建设绿色矿山纪实 …………………………………………60

环境整治新舞台　绿色柳钢新篇章

　　——柳钢绿化美化工作经验总结 ………………………………………62

海南矿山狠抓复垦绿化　建设绿色、美丽矿山 ……………………………64

推进生态文明建设，建设美丽攀钢 …………………………………………66

附件《冶金企业绿化技术标准》 ……………………………………………69

第二届中国绿化博览会 "钢铁风情园" 建设

第二届中国绿化博览会于2010年9月在河南省郑州市召开，应全国绿化委员会、国家林业局、郑州市人民政府的邀请，中国钢铁工业协会绿化委员会组织首钢、武钢、宝钢、鞍钢、马钢、攀钢、本钢、唐钢、太钢、济钢、莱钢、昆钢、酒钢、杭钢、韶钢、包钢、天津钢管、安钢、邯邢矿山管理局、白云鄂博山铁矿、河南省钢铁工业协会等有关企业参加第二届中国绿化博览会，共建了"钢铁风情园"。

"钢铁风情园"的建设弘扬"以人为本，携手共创绿色生态家园"主题；体现"让绿色融入我们的生活"的规划。在有限的空间范围内，展现钢铁行业的精湛的园林营造技术水平；通过园林艺术，表现钢铁文化特色，将生态技术示范、科普宣传、观赏休闲等功能寓于一体；按照适地适树、便于维护的原则，营造永久保存的现代园林作品。

"钢铁风情园"占地面积 $1730m^2$，地块呈长条形，为兼顾水平视野和鸟瞰效果，"钢铁风情园"按"入景—过渡—高潮—回环"的纵向式景观排序设计。整体构造形似蒸汽机车车轴与车轮的轮廓，象征我国钢铁行业的飞速发展。

入景：入景由三根"品"字形排列的大径级输油钢管和若干根起伏"H"形钢柱并排构成的钢壁，分别竖立在入口路径两侧，共同构成标志性"正门"。大径级输油钢管和"H"形钢这两种规格的钢材，是我国钢材新产品的代表。

正门一侧三根"品"字形排列的大径级输油钢管上，由中国钢铁工业协会名誉会长吴溪淳先生题字"钢铁风情园"。

另一侧由若干根起伏"H"形钢柱并排构成的钢壁，是建园简介包括集资和赞助单位以及设计施工单位，体现"以人为本，共建绿色家园"的主题。

过渡：为开阔的草坪和富有蕴意的特色路径。铁轨一端为独一无二的白云鄂博矿石，由中国钢铁工业协会法人代表刘振江书记题字"点石成金"。

另一端连接钢包涌流的跌水，衬着橙红色底灯光芒，夜景如钢花翻腾不息。跌水高端连接过渡到高耸的"钢铁奉献"主题雕塑。

阶梯外侧为花坛，起到拢合高潮，强化园区景观层次的作用。过渡区"矿石—铁路—钢包—雕塑"的演进序列，隐喻着"由矿到铁"的生产工序。

高潮：主题雕塑"钢铁奉献"由原国家经委主任袁宝华先生题字。寓意钢铁是地球赋予人类的宝贵财富，钢铁的生产和使用是人类文明和社会进步的重要标志。新中国成立后，中国钢铁工业自强不息，伴随着共和国的崛起，创造了世界钢铁工业发展的奇迹。我们成为世界第一产钢大国，成为中国综合国力的重要标志，为中国现代化建设做出了突出贡献！中国钢铁工业依靠科技进步，节能环保，要以绿色环保材料和人类社会的奉献把地球装扮得更美丽。

回环：为衬托主体雕塑，雕塑广场以北为多层结构的乔灌种植区，连同园区周边种植的乔木，共同构成既有视觉闭合功能，又增加纵向景深的高层树冠。外围布设了众多的花瓣式花坛，寓意我国众多钢铁企业团结一致，共同为国家创造和奉献。

在本次中国绿化博览会上，"钢铁风情园"被评为"展园·金奖"，"优秀组织奖"，中国钢铁工业协会绿化委员会获"先进单位"称号。

第三届中国绿化博览会 "钢铁风情园" 建设

第三届中国绿化博览会 2015 年 8 月在天津武清召开，中国钢铁工业协会受邀参加了盛会，由中国钢铁工业协会主办，天津钢铁工业协会和渤海钢铁集团承办，共建了钢铁风情园。

钢铁风情园占地面积 3900m²，围绕"绿色钢铁，美好生活"的理念，着重突出了钢铁行业特点。风情园呈现两大特点：一是绿化率高。整个园区绿化率高达 70%，彰显绿博会主题；二是钢铁元素多，匠心独运，充分体现出低碳、环保、高度契合循环发展的现代理念。

在钢铁风情园主入口处有一块十分珍贵的稀土铁矿石，它采自有着世界"稀土之乡"美誉的内蒙古自治区白云鄂博。白云鄂博矿是世界罕见的多金属共生矿床，其稀土资源储量占全国的 97%，是中国以外世界总储量的 5 倍多。位于主入口处左侧的 LOGO 墙，总重量约 8t，是由 216 根型材巧妙搭配组合而成。LOGO 墙上熠熠生辉的"钢铁风情园"5 个大字，采用不锈钢材精心加工制造。

园林甬路全部是由钢渣砖铺成。随着钢铁人坚持循环经济发展的思路和科学技术的进步，钢渣得到深度处理和高效利用，并已广泛应用于多个领域。利用钢渣制成的砖具有免烧、透水、强度高、耐腐蚀等特点，既节约了资源、保护了环境，又实现了钢铁副产品的再利用。甬路上镶嵌了 11 块钢板，每块钢板上都镌刻着一组数字，这些数字清晰地记录着我国钢产量从 1949 年的年仅 16 万吨到 2013 年突破 8 亿吨的发展历程。

甬路深处有一个高 12m、重 8t 的雕塑钢铁巨龙。不锈钢制作的巨龙矗立在形似钢包的水池之中，盘旋向上，寓意着钢铁人坚忍不拔、不畏艰难的精神风貌；从另一个角度观赏，恰似竖起的大拇指，象征着中国钢铁永争第一的信念；仰望巨龙，似腾飞状、直指云霄，预示我国钢铁产业始终向更高水平发展、向钢铁强国进军的梦想和希冀。

钢铁风情园整个绿化系统分别采用高大乔木、小乔木、花灌木、球类植物、地被植物、草坪相间搭配，形成六个层次，高低错落、精巧别致。确保三季有花似流水，四季常青春永驻。所有苗木选择遵循"适地生长"原则，全部选自天津蓟县。同时，将不同花期、不同色相、不同形态的植物协调搭配，构成一个和谐有序的绿化系统。

在这次中国绿化博览会上，钢铁风情园获得"展园·银奖"，同时还获得"最佳林业文化科普宣传奖"、"最佳组织奖"。

绿色首钢进行曲

○ 足迹坚实：建设花园式企业

早在改革开放之初，首钢人就敏锐地意识到，首钢在北京，北京是中华人民共和国的首都，要减少首都的环境污染，最有效的办法就是节能减排、栽树种花养草，把首钢建设成花园式企业。

1978年，首钢党委扩大会确定了建设花园式企业的奋斗目标，成立了厂容绿化公司，并制定颁发了厂容绿化管理检查标准和管理制度。1979年进一步完善了厂容绿化美化的规划、设计、施工、验收、绿地管理、花卉培育、损坏绿地、施工移植、马路保洁等各种制度和管理办法。1984年成立了绿化研究所。1985年进一步设立了分工明确的专业科室和专业队伍，形成了中国钢铁企业中规模大、技能专的绿化队伍。

首钢每年召开的职工代表大会决议中都把建设花园式企业列入重要议事日程，并在用自有资金进行技术改造的同时，积极治理环境污染。经过技术改造后的首钢北京厂区，环境明显改善，污染物综合排放合格率超过了国家一级企业标准，在全国重点钢铁企业环保工作竞赛中获得第一名。1988年在国内十大钢铁企业五项主要环保指标对比中，首钢综合水平居于首位。

首钢秦钢公司

首钢北京厂区占地面积8.63km²，绿化覆盖率在30%以上，在全国大中型企业中名列前茅，通过每年种树、种草、种花播新绿，可绿化面积达到了100%。到目前，首钢新植树木576万棵，铺栽草坪84万m²，培育花卉588万株，使厂区各处都呈现出了四季常青的葱茏景象。

○ 与时俱进：环境一流站前排

首钢搬迁调整，是对改善人类社会生存环境和北京建设国际大都市的无私奉献；是产品一流、技术一流、质量一流、环境一流的全面更新换代与优化升级。

面对吹沙造地后厂区的绿化难题，首钢京唐人联合专业部门展开"碱性沙土地绿植栽培研究与攻关"。经过开槽、防渗、换土等探索与实践，终于获得了成功。截至目前，首钢京唐公司种植绿地超过300万m²，可绿化区域达到100%，各类乔木、灌木总量

首钢厂区

首钢京唐公司

达 270 余万株，宿根花卉面积超过 250 万 m^2，沙地变绿洲成为了现实。

首钢迁钢公司狠抓现代化厂房与绿化景观和谐的绿化整体规划和建设。如今，厂区保有绿地 103 万 m^2，拥有乔木 30 余种近 10 万株，花灌木 100 多种 100 余万株，并相继营造了凤凰园、月季园、牡丹园、桃园、樱花园、雕塑园等厂内绿化景点。

首秦公司已建设成"生态环保型、能源循环型、经济高效型"的示范企业。他们成功地在中国首创 1000 m^3 等级高炉上使用干法除尘技术；首创集原料和原料倒运、储存、配送于一体的全封闭料仓，大大改善了环境。目前，首秦公司完成绿化建设面积 72 万 m^2，绿地率 33.58%，绿化覆盖率达到 45%，一座绿化、美化、和谐、整洁的园林式工厂已经形成。前来参观的美国纽柯公司董事长惊叹道：小而精、小而美、小而洁，这不是工厂，而是一个艺术品。

首钢矿业公司采取不同的治理方式，进行复垦绿化，矿区绿化覆盖率已达到可绿化区域的 95% 以上。同时利用废弃的大石河露天采坑，建成了总容积 4055 万 m^3 的尾矿库，减少新占土地 4028 亩。投入 5000 多万元，复垦绿化 8700 多亩，栽植树木 1200 多万株，在弃用排土场、尾矿库建造了万亩林地。目前，首钢矿业公司五个厂矿已跨入省级园林式单位行列。

◎ 走向未来：景色如画促发展

走向未来，首钢北京厂区新首钢高端产业综合服务区按照"两带五区"的空间结构规划建设。"两带"即：公共活动休闲带和滨河生态休闲带。其中，公共活动休闲带是贯穿厂区的绿化带，分布的钢铁生产设备再现钢铁生产流程；滨河生态休闲带紧邻永定河，坚持低碳生态发展，成为多元化滨水区域。"五区"包括：集中展示冶铁核心工艺流程设备的"工业主题园区"；区域工业与历史文化传承集中体现的"文化创意产业园区"；聚集国内外高端产业总部的"综合服务中心区"；金融、交易、会展、咨询等生产型服务行业聚集的"总部经济区"；高端居住、休闲娱乐、餐饮购物、教育医疗为一体的"综合配套区"。

展望"十三五"，首钢完成搬迁调整后 8.63 km^2 老厂区成为了首钢总部所在地，承载着建设国际大都市、打开北京西大门的历史使命，已经开启了建设"新首钢高端产业综合服务区"的新航程。首钢梦、北京梦、中国梦彼此交融，历史、人文、自然景观和谐一致，首钢的发展必将焕发出夺目的新光彩。

首钢迁钢公司

建设绿色的首钢迁钢公司

河北省首钢迁安钢铁有限责任公司在建设产品、规格配套齐全的重要精品板材生产基地的同时，非常重视绿化工作。他们遵循"节约型、生态型、环保型"设计理念，构建"人与自然和谐发展"的绿色企业，坚持先规划、后实施，做到了企业投产绿化完工，并逐步完善。经过多年努力，首钢迁钢公司先后获得了"河北省园林企业"、"河北省绿化优质工程"、"全国冶金绿化先进单位"及"全国绿化模范单位"等称号。目前，厂区拥有绿地面积 103 万 m^2，拥有乔木 40 余种近 10 万株，花灌木 100 多种 100 余万株，可用绿地实现 100% 绿化，绿化覆盖率和绿地率分别达到了 35%、32%。

以创建"绿色迁钢"为目标，加大绿化美化工作力度。为高起点、高标准、高质量做好绿化工作，每年年初首钢总公司领导都要审阅迁钢公司的绿化规划，并深入现场检查绿化工作进展情况。通过迁钢公司主要领导亲自抓、分管领导经常抓、业务部门具体抓、后勤部负责工程计划的方式，做到绿化工作有规划、有计划、有组织、有措施，使绿化工作真正落到实处，做到绿化资金专款专用，自 2002 年建厂以来绿化投入资金已达一亿多元。

围绕首钢迁钢公司人和气顺的文化内涵，首钢迁钢公司突出绿化的三种效果。即气势宏伟厚重，体现企业底蕴；美观大方，展示迁钢风格；改善生态环境，实现人与自然和谐统一。结合本地水资源比较紧张的情况，绿化设计上采用种植节水植物、减少草坪种植面积、增加地被植物种植、采用工业中水浇灌和逐步实施滴灌等节水措施。同时，在厂区沙河上修建橡胶坝收集雨水用于绿化。

健全管理制度，加强绿化日常管理工作。根据首钢总公司专业管理制度的要求，首钢迁钢公司制定了《首钢迁钢公司厂容管理办法》（简称《办法》），使绿化工作的管理有据可依、有章可循。

中国钢铁工业协会领导、首钢总公司领导到迁钢公司参加义务植树　　　　首钢迁钢公司领导参加义务植树

公司配备了专业的管理人员和专业队伍，对绿化工作执行绿化目标责任管理，明确养护标准和养护单位责任，使各项养护措施落实到人，做到绿地养护无死角，林木无大规模病虫害发生。

公司下属各单位需要占用绿地时，必须依照《办法》的规定办理绿地占用申请，专业主管部门根据实际情况进行审批、重点区域必须报公司主管领导审批；专业主管部门审批后由厂容监理队现场实际核定占用区域和安排绿化公司负责移植。

首钢迁钢公司成立了厂容监理队，对违反《办法》的单位和个人进行发布、曝光，为保护公司绿化成果起到了积极的作用。

加强宣传教育，全体职工树立爱绿意识。在每年的春季组织各单位进行义务植树活动，同时通过法制宣讲、张贴标语等形式，让职工参与到绿化工作中。目前，公司职工对绿化重要性的知晓率已达到 95%。

每年秋季公司还在为职工举行集体婚礼时，增加新人共同种植爱情树的环节，目前已经种植爱情树 400 余株。

通过公司内部网站普及绿化知识和苗木花卉知识，结合花卉植物开花季节，在网上宣讲花卉知识，并配发厂区种植的植物图片。

经过多年不懈努力，在厂区打造出了月季园、牡丹园、怡心园、凤凰园、首钢第一卷钢等景点，实现了"三季有花、四季常绿"。同时，坚持从节能和降低绿化成本，减少草坪种植，把经过净化处理的工业废水与收集的雨水混合集中，经过晾晒用于浇灌植物，实现了降低绿化成本与可持续发展的要求。

首钢迁钢公司职工义务植树

首钢迁钢公司牡丹园内喷泉

首钢迁钢公司集体婚礼新人植树现场

首钢迁钢公司办公中心楼前的凤凰园

天津钢铁集团有限公司的绿化工作

天津钢铁集团有限公司（简称天钢集团）作为集烧结、炼铁、炼钢、连铸、轧钢、金属制品生产工艺于一体，具备年产能千万吨级大型钢铁联合企业，在发展钢铁主业的同时，绿化工作也取得了突出成就。2011年被中央文明委员会授予"全国文明单位"称号；2010年被中钢协绿化委员会评为"全国冶金企业绿化先进单位"；2011年被中华人民共和国人力资源和社会保障部授予"全国模范劳动关系和谐企业"；2008年、2010年、2012年连续三次被天津市评为"市级卫生红旗单位"；2011年被天津市企业联合会授予"生态文明贡献奖"。

一、绿化美化环境，构建新型工业化一流企业

天钢集团紧紧抓住天津滨海新区开发开放的历史性机遇，实施绿色发展战略，加快转变发展方式，坚持把建设生态文明、建设绿色钢铁，作为企业发展战略的重要组成部分。天钢集团东移建设以来，在新厂区绿化总投资约1.2亿元，实现绿化率种植面积近50万 m²，绿化率达15.38%。

天钢集团按照"一流企业"绿化要立体化、造型美、色彩新、品种多，园艺塑造企业美好形象这一目标要求，使厂区绿化建设形成了"四季常绿、三季有花"，营造出了"厂在林中、路边有绿、路路有景、延路观花"的厂区绿化布局，使厂区绿化形成了具有"层次感、色彩感、季相感"突出的生态景观效果。

二、建设绿色钢城——创建绿色环保和谐型企业

东移建设以来，天钢集团把厂区绿化设计和布局采取点、线、面相结合办法，本着"少投入、见效果，美观、大方、新颖"的原则，

休闲广场

以"点"、"线"、"面"设计出厂区绿化布局，从而达到"三季有花、四季常绿、造景自然、整体和谐"的效果标准。

"点"——天钢集团办公大楼区域，进入厂区的窗口。

集团本着"造型美、色彩新、一景一点、节约造价"的原则，使东西两侧的欧式园林风格和中式庭院风格融为一体，进入厂区的大道中间用绿化带将上、下道路分割，办公大楼纵横道路利用圆形大花坛形成平面顺行交通通道。园林绿化既显高品位、高格调、高档次，又节省了资金。办公区南侧与高线厂房之间，道路两侧种植白毛杨、矮金针槐、西府海棠、石榴、紫叶李等，形成分层次、立体感的效果，同时也起到隔音、防尘的作用。

"线"——景观迎宾线，至 3200 m³ 高炉。

6号路作为公司景观迎宾路线的主要路段，是改造提升的重点。集团公司在保留6号路原有绿化成果的基础上，对3200m³高炉参观道两侧进行绿化提升，对西面北侧动力厂区域靠围栏处、西面南侧靠炼铁区域绿地与建筑物分界处、炼钢区域绿地与厂房分界处，对中厚板厂房一侧原有草坪绿地进行绿化，对炼铁厂一期原料料场和二期烧结料场与绿地之间修建了文化挡视墙。通过以上改造措施，6号路两侧以花草树木形成的绿色立体屏障。如今，一个高低错落自然、景观元素丰富、植被色彩鲜明、钢铁大道展现在公司厂区的正中位置。

"面"——整个厂区，厂区内所有的花草树木、景观绿地。

天钢集团秉承自然、大气、流畅的设计思路，追求厂房、建筑物、道路、绿化景点的和谐统一。"少种草皮多种树"，厂区内车间周围、道路两侧以植树为主、草皮为辅、乔、灌、花、草合理配置，实行品种多样式和自然群落式栽植。使公司整个厂区达到"三季有花、四季常绿"的预期效果。沿路形成的绿色屏障，增加了绿树成荫的休闲空间，空中俯瞰，一条条绿色通道纵横阡陌。整个厂区绿化建设突出"层次感、色彩感、季相感"的高雅品位布局，营造"厂在林中、路边有绿、路路有景、延路观花"的和谐观感效果。

展望"十三五"美好远景，天钢集团矢志把企业建设成为最具竞争力的现代化钢铁企业，进一步强化社会责任，加快推进绿化工作，提高生态文明建设成效，促进企业实现又好又快发展。

公司办公楼

太行明珠　美丽家园
——天津天铁冶金集团有限公司绿化工作纪实

伴随着企业发展的脚步，天津天铁冶金集团有限公司（简称天铁）的绿化美化工作也取得了长足的进步。到 2012 年，天铁绿化覆盖面积 243 万 m^2，绿地率 34.52%，绿化覆盖率 40.03%，超过行业绿化指标。2010 年荣获"全国冶金绿化先进单位"荣誉称号。徜徉在十里钢城，犹如在一座花园式工厂行进。生活在这里的 5 万名职工和家属由衷地赞叹：天铁变绿了，天铁变美了。

煤焦化公司煤气净化区域

◎ 领导重视　科学投入

绿化美化工作在天铁被称作"一把手"工程。领导重视，投入到位，是天铁集团绿化美化得以长足发展的关键所在。特别是近几年，以创建"生态园林式企业"为目标，高水平规划，高质量建设，高标准管理，掀开了绿化美化工作的新篇章。

天铁总经理亲自担任集团绿化委员会主任，分管经济、财务和社会工作的领导担任副主任，各基层单位行政一把手为成员，下设办公室，配备相应的人员和设备，全面负责绿化工作的规划、设计、施工、管理等。二级单位分别成立绿化委员会，形成了组织健全、覆盖全公司的领导机构。

集团绿委会还明确了检查考核、结果通报、分解任务、落实责任人等一系列工作规定，每半年进行一次专项考核，兑现奖惩。在每年植树节，集团主要领导都亲临现场检查指导，全集团形成了主要领导亲自抓、分管领导具体抓、干部职工齐上阵、领导人人头上有指标的浓厚氛围。目前，天铁建立了领导绿化示范点 8 个，约 100 亩。

据统计，2006 年到 2012 年，天铁的绿化投入累计达 2.81 亿元。其中，绿化建设投入 1.59 亿元，绿化养护投入 1.22 亿元。

◎ 整体规划　分步实施

天铁对绿化工作进行了科学规划和精心设计，出台了《园林绿化美化工作三年规划》，提出以创建"生态园林式企业"为目标，以"精打细算，勤俭节约，追求最大的性价比"和"高水平规划，高质量建设，高标准管理"为原则，以"乔灌木为主，绿篱、模纹色块为辅，花草点缀"为理念，通过见缝插绿、拆墙透绿、拆房增绿，实施立体绿化，增加绿化覆盖面积，确保厂区、生活区面貌三年大变样，三年新增绿化覆盖面面积 20 万 m^2，到 2014 年实现绿化覆盖率达到 40% 以上的目标。

新高炉绿化

按照整体规划，天铁各单位积极行动，一批又一批绿化工程相继竣工。继 2009～2011 年先后完成了热轧板工程、冷轧板工程、铁前系统改造工程、高档中厚板工程、优质高线工程、高强建材工程等新建项目的绿化工作后，2012 年又完成了治理焦炉污染项目、厂区新建停车场、新建加油站、棒线二期配套绿化工作、厂区五号路绿化等配套绿化工程。三年内生活区绿化覆盖面积将增加 3 万 m^2 以上。2012 年，实施完成了黄花脑中心广场、新建黄花脑市场等十多项民心工程、幸福工程的配套绿化任务。

◎ 全民动员　绿化家园

天铁把每年的 4 月初至 5 月初的一个月作为集团公司绿化工作宣传月。全方位、多角度的宣传，实行义务植树登记卡制度，完

天铁全景

善制度，严格考核，使爱绿、植绿、护绿成为集团全体员工的广泛共识和自觉行动。每年，发放、张贴绿化知识宣传材料 5000 多份，通过企业报纸、电视台刊登播发稿件 50 多篇，向《冶金绿化报》投稿 10 多篇。

每年春季的"一人一树、营造企业森林"大型义务植树活动都开展的轰轰烈烈。各级领导带头创新了义务植树方式，实行居民认养绿地和责任区承包。目前，已经有超过 8000 m² 绿地被认养。2011 年在综合整治、生态绿化神山南河道任务中，天铁绿化委员会投入 200 万元，采用义务劳动与专业绿化队伍结合的形式种植。3 个月时间，机关干部、团员青年 580 余人累计栽植 2 万余株，完成绿化面积 2 万 m²。近几年，兴建义务植树基地 12 个，约 280 亩，累计参加义务植树人数达到 5.3 万人次，义务植树 9 万多株，义务植树尽责率达 96% 以上。

○ 种养结合　形成特色

精心培养，管护结合，是天铁绿化美化得以长足发展的有力抓手。天铁采取请进来，走出去的办法，聘请园林专家对绿化骨干进行培训，并结合本地区土质、地质、环境、水源等因素，就绿化设计、树种选配、后期管护等进行指导，提高日常管理水平和能力，为大面积、高成活率、景观效果种植奠基了扎实基础。目前，天铁拥有专业绿化人才 200 余人。其中，工程师 11 人、高级工 20 人、中级工 120 人，为绿化管护工作快速发展提供了人才保证。

同时，天铁制定了《绿化管理规定》等一系列管理规定，完善《绿化管理考核办法》，制定苗木花卉招投标、质量监督、工程监理、绿化工作量化考核办法等管理制度，修订下发绿化操作规程汇编，形成了一套科学的管理模式。

将绿化养护责任层层落实到部门、单位和个人；进行不定期的检查评比；建立专业人员联系点制度。每一位专业技术人员都确立联系点，定期或不定期地进行现场讲解和操作示范。

冷轧板公司

加大自营，降本增效。天铁现有苗木基地 280 余亩，每年自繁自育各类苗木 5 万余棵，培育引种小苗 3 万余株，苗圃现有半成品苗木、自繁花卉 28 万盆。连续多年举办大型菊花展，保证三季组摆高品位花坛。天铁绿化用水是使用工业循环水和生活废水，在新建厂区 30 余万 m² 绿地使用喷滴灌。在冷轧项目施工时，天铁投巨资建设了酸再生站、废水回收站，对废油、废水、废酸进行处理，产生的中水用于浇灌花草、喷洒道路，回收率 100%，利用率 100%。天铁还在厂前区精心规划建设了 2700m² 的养鱼池，供人们休憩、观赏。在热轧板、新铁区等绿化项目中，绿化用土全部使用工程基础土方，节约了外购土方费用。

如今的天铁逐步形成了"厂区绿地花园，场所景观别致，社区开窗见景，街道小树林立"的绿化格局，改善了企业生产环境和人居环境，促进了企业经济的可持续发展。天铁人坚信，继续持之以恒的大搞绿化美化工作，未来的天铁一定是绿色天铁、生态家园。

生活区广场

绿色钢城绘就和谐画卷
——天津钢管集团股份有限公司绿化工作纪实

天津钢管集团股份有限公司（俗称"大无缝"）是中国能源工业钢管基地，也是全球规模最大的无缝钢管生产企业。在20多年的建设和发展过程中，"大无缝"坚持"办世界一流企业，建花园式工厂"的理念，强化生态文化建设，走出了一条具有自身特色的绿化、美化、生态化之路。始终保持"天津市绿化先进单位"、"花园式工厂"和"全国建林绿化400佳"的荣誉。2006年获"全国绿化模范单位"称号，2010年获"全国生态文化示范企业"称号。

一、一个新项目 一处新景观

建厂之初，"大无缝"就把绿化工作摆在重要位置，提出绿化要与基建规划、同设计、同施工。"大无缝"成立了绿化委员会，设置日常管理机构，组建绿化专业队伍；制定了中长期规划和年度实施计划；层层签订目标责任状，做到任务明确、措施到位、考核严格；投入专项资金，购置先进的绿化专用设备，为绿化工作提供了有力的组织和物质保障。

多年来，钢城月月有新绿，年年添新景。绿化面积每年平均以2万 m^2 的速度递增。绿化覆盖率达到38.7%，绿化面积达85万 m^2，园林植物170多种，形成了"梯形立体垂直绿化"的总体格局。

绿化工作不仅美化了环境，也促进了环境管理体系和职业健康安全管理体系的有效运行。在ISO14001和OHSAS18001认证及复审中，得到审核专家的高度赞许，为公司产品走出国门，取得了绿色通行证。

厂区小景

公司办公大楼南侧"二龙戏珠"

二、培育清洁工厂的生态"绿肺"

按照"园林化、生态化、人性化"的目标，培育清洁工厂的生态"绿肺"，使企业三季有花，四季常青，景色宜人，空气新鲜，有效地消除有害气体、噪声和粉尘污染，做到天更蓝、水更清、树更绿，职工身体更健康。

不断提升绿化工作的层次和水平，加大对原有绿地和景点改造的力度，选用不同的绿化品种，打造"点、线、面"有机结合，"乔、灌、花、草"相互辉映的绿化格局，最大限度地降低了"三废污染"。

在此基础上，还合理布局绿地，做到常绿树与落叶树种相结合，乔木、灌木、藤木、花卉、草坪科学搭配，使炼钢、轧管和管加工红、黄、蓝三色高大的厂房安居在蓝天、绿树和鲜花之中。

多年来，"大无缝"绿化管理人员坚持科学管养、自主创新，有效利用了生态资源。一年四季不误时节地做好植树、浇水、杀虫、秋灌、防风、防冻等管养工作，用自己的辛勤劳动，换来了钢城的绿树成荫、鸟语花香。

三、营造和谐优美的绿色空间

"大无缝"的绿化理念是坚持以人为本，通过独特的园林式景观，凸显文化特色；把自然引进工厂，让动物们在这里安然生息繁衍，人与自然和谐相处，现代工业与原生态共存。

极具寓意的园林小品，体现着"大无缝"深厚的文化内涵。

厂前区的"迎宾花坛"笑迎八方宾客，绿色草坪拼就的两支"大如意"，环绕着"二龙戏珠"喷泉，演绎着幸福与吉祥。"凤凰涅槃"，代表着"大无缝人"永不服输、永不言败的豪迈气魄。厂区的"奥运福娃"，传承着"更快、更高、更强"的奥运精神。"星火燎原"，象征着公司不断发展壮大的辉煌历程。"奔牛奋进"，寓意"大无缝人"顽强拼搏、无私奉献的精神。

这不仅仅是风景，是图画，更是一种精神，一种文化，一种超越。

"大无缝"还养殖了一批对空气污染敏感的动物，来测试空气质量。使嬉戏的小鹿、踱步的鸵鸟、开屏的孔雀、翱翔的广场鸽，在钢城安家落户、繁衍生息，不仅成为一道独特的风景线，还为环保排放制定了自我约束的标准。

"大无缝人"在这优美的环境中拼搏进取，赢得了经济指标持续 8 年高位增长的骄人业绩。打造了具有自主知识产权的 TP 产品系列。石油套管成为"中国名牌产品"，国内市场占有率保持在 50% 左右。无缝钢管成为"中国名牌出口商品"，在全球市场越叫越响。

党和国家领导人多次亲临公司视察工作，在充分肯定企业发展成就的同时，也对一流的厂容厂貌和环境保护工作给予了高度评价。

"大无缝"给中外客户的美好印象，不仅来自于高质量的钢管产品，也来自"绿色钢城"的品牌概念和文化效应。

岁月悠悠，沧海桑田。"大无缝人"正在挥动开拓创新的如椽巨笔，演绎出 21 世纪精卫填海的传说，用跨越式发展的辉煌战果，书写着振兴民族工业的壮丽长卷，绿色钢城，书写着辉煌，演绎着和谐，孕育着希望。

五号路旁小品　　木质花槽美观环保

公司全景

五矿邯邢矿业有限公司
绿化复垦喜见成效

五矿邯邢矿业有限公司切实履行中央企业的社会责任，大搞绿化复垦，确保建成一座矿山，绿化一座矿山、美化一座矿山，实现绿色矿山理念与工作实际的完美融合。

公司在五矿集团公司和市有关领导、市绿化办公室的支持帮助和正确指导下，不断加大绿化管理力度，提高绿化建设和养护管理水平，绿化景观进一步改善，矿区复垦面积大幅增加，使公司的绿化及复垦工作取得了较好的效果。制定了"分步实施、分期治理"的复垦规划，稳步推进绿化进程。各单位根据绿化目标要求，实事求是地落实绿化任务，有计划地开展了绿化复垦工作。各单位积极发动职工群众参与绿化和美化矿山活动，在每年植树季节都组织开展绿化宣传活动，营造出建设绿化矿山的浓厚氛围，各单位边生产、边绿化，形成了组织健全、责任明确、措施到位、齐抓共管、群众参与的绿化工作格局。同时，建立了绿化和复垦工作奖惩评比制度，每年组织相关部门严格按照质量标准和进度要求进行检查验收，对进度快、完成任务好的予以表彰奖励；对工作消极、任务完不成的予以通报批评，追究相关领导的责任。

西石门铁矿全景

安徽开发矿业厂区

一、高端规划、综合治理、打造园林式绿色矿山

公司对新矿开发建设要求因地制宜，搞好环境保护、绿化美化工作。

新建矿山安徽开发矿业有限公司，根据公司要求在安徽打造成"国际先进、国内第一的标杆企业"的目标。建设年选矿 750 万吨，工程项目。对其重要组成部分的厂区园林绿化工程，由有资质的专业建筑设计院、园林建设公司设计和建设，绿化 I、II 两个标段。其中，绿化 I 标段区域占地面积约 1.33 万 m^2，草坪面积约 5279 m^2，灌木约 3.1 万株，乔木、大灌木 936 株；绿化 II 标段区域占地面积约 1.4 万 m^2，草坪面积约 5727m^2，灌木约 1.65 万株，乔木、大灌木 678 株。形成集观赏性与休闲性于一体的园林景观，达到了三季有花、四季常绿、景中有景、清新宜人的效果，成为皖西地区远近闻名的绿色矿山。受到了安徽省委副书记孙金龙、国资委领导和六安市领导的好评。山东省郑家坡铁矿 2012 年秋季投入 7 万多元对厂区进厂公路两旁的绿化带进行了树木增添。安徽庆发矿业 2013 年绿化施工了 1260m^2。截至 2012 年 6 月，河北省北洺河铁矿厂区绿化总面积达到 45635m^2，绿化覆盖率达到 23.69%。塌陷区及尾矿库绿化面积 352951 m^2。绿化覆盖率增长 25.87%，总计自筹资金进行绿化投入约 300 万元。西石门铁矿先后在学校两侧、中区居民楼等地建立了绿化带，进一步美化矿区环境。符山铁矿针对进矿公路两侧、矿区入口建成 3800m^2 环形绿化带、702 渣场明寺水库 1.5 万 m^2 绿化园、选矿至机关 3500m^2 绿化带、河南院 1 万 m^2 绿化带划分了区域和责任区，突出了常态化，美化了园林环境。

二、专业管理，科学维护，绿化水平不断提升

公司按照园林设计要求认真制定养护管理办法，并将绿化养护工作重点放在各生活小区及各矿山办公区的主要道路、景观设置、绿地花卉的栽种上。同时加大各矿区、小区主干道景观绿化带工程建设，以点带面，以线带面，强调绿化带的辐射作用。到 2012

年上半年，生活小区绿化率都保证在 30% 以上，成活率也都在 90% 左右，做到了种一片、活一片、绿一片。形成"一路一景观、一处一风格、一矿一特色"的绿化效果。北洺河铁矿、西石门铁矿还被市政府冶金系统评为绿化先进单位。

三、精心研究，认真分析，综合治理，尾矿库复垦绿化工作稳步推进

公司各单位结合当地生态特征，积极对尾矿库进行环境综合治理及生态恢复。

西石门铁矿尾矿库坝面绿化面积共 14.8 万 m^2。其中，1992～1999 年坝面植草面积为 3.9 万 m^2；2000～2013 年坝面种植沙棘面积为 10.9 万 m^2。坝面植被覆盖率 98% 以上。1992～2013 年坝面绿化共投入 140 多万元，达到了安全标准化国家一级标准。安徽开发矿业公司诺普尾矿库 225 亩，复垦面积 90%。玉石洼铁矿投资 102 万元，从 2011 年 9 月开始，对该部位进行填渣、覆土、种树。截至 2012 年年底，共填渣 2.71 万 m^3，覆土 1.84 万 m^3，种植国槐树 2010 棵。

四、加强教育引导，增强环保意识，积极搞好绿化宣传

公司以加强"关爱绿色，关爱生命"的宣传为主题，利用 LED 显示屏、宣传栏等形式，结合植树节、世界森林日、世界地球日等重要活动日开展系列宣传教育活动。每逢植树节、建矿纪念日、五四青年节等节日，都组织职工义务植树、种草，清除花草下的杂草杂物等。

2012 年公司投入 20 余万元，植树 2 万余棵，成活率为 98%，圆满完成了邯郸市、武安市下达的义务植树基地的植树建设任务。2013 年又承担了邯郸市 2013～2015 年义务植树 138 亩的绿化任务，有力地支持了邯郸市、武安市生态园林建设。

北洺河厂区

高阳铁矿主井井架

符山铁矿排岩厂

全力打造
"绿色安钢　亮丽安钢　和谐安钢"

第二炼钢厂

50 多年来，安阳钢铁集团有限责任公司（简称安钢）在推进企业规模扩张的同时，积极致力于发展循环经济，全面打造"绿色安钢、亮丽安钢、和谐安钢"，实现了经济效益、社会效益与环境效益共同发展的目标。目前，安钢占地面积 433 万 m^2，绿地面积 133 万 m^2，绿化总面积达到 185 万 m^2，绿化覆盖率达 43%，绿地率 31%，可绿化率达 98%。近年来，安钢先后获得"安阳市造林绿化先进单位"、"河南省污染减排十大领军企业"、"全国冶金绿化先进单位"、"全国绿化先进集体"、"全国质量奖"等称号。

一、领导重视　舆论引导　有效提升全体职工绿化意识

安钢始终把绿化美化工作作为安钢整体发展战略的重要组成部分，始终把绿化工作放在重要位置，始终坚持把企业绿化美化工作纳入企业文化建设，作为塑造企业外部形象、树立企业品牌、提高企业核心竞争力的一项重要硬件建设和措施来抓。

通过订阅《冶金绿化报》、黑板报、《安钢报》、安钢有线电视等多种形式进行广泛宣传。引导职工认清形势，明确标准，找准差距，给安钢的绿化美化工作打下了良好的思想基础及群众基础。

二、精心规划　整体打造　积极构建"一环、六区、九带"大绿化格局

2003 年，安钢提出"三步走"发展战略，先后投资近 200 亿元淘汰了小高炉、小转炉以及落后的生产线，建成了以 2800m^3 高炉、150t 转炉、1780mm 热连轧工程为代表的一系列大型装备设施，钢产量提升到千万吨级。

在发展过程中，安钢始终坚持"能绿化不硬化，能硬化不土化"的原则，以生态园林理念为指导，精心筹划，在拆旧扩绿腾出的空地上，逐步构建了符合安钢实际、具有安钢特色的"一环、六区、九带"的大绿化格局。

"一环"是指环绕安钢四周做文章，在环安钢的东侧和北侧，即殷墟保护区和安阳河，安钢投资修建了一条长 3km、宽 30m 的防护林；在环安钢大道与安钢之间，投资 5000 余万元修建了一个大型的开放式公园。目前，环绕安钢三面的东、北、南已经形成绿树成荫的大片林区和公园。

"六区"是指把安钢整个厂区系统地划分为六个精品区，以六个区为中心向四周呈圆形辐射，分区单位绿化管理。目前，以会展中心、安钢办公楼为中心的商务会议区大气磅礴、高树林立；以第一轧钢厂和第二炼轧厂为中心的轧钢区绿草如茵、绿树成林；以第二炼钢厂、制氧厂为中心的炼钢区小桥流水、辉映成画；以第一炼轧厂为中心的厂北小区鸟语花香、柳暗花明；以焦化、炼铁、综利公司为中心的铁前区绿树环绕、白鸽飞翔；以钢花公园为中心

安钢制氧厂

绿色钢铁

的厂前区山水交映、群树环抱。六大精品区交相辉映，打造了"绿色安钢、亮丽安钢、和谐安钢"。

"九带"是指以安钢厂区九条主干道为主线，向道路两边辐射，形成了草树相交、花团锦簇、绿树成荫的九条绿色带。

三、建章立制 完善制度 形成人人参与的绿化管理机制

安钢制定了《安钢绿化管理办法》、《安钢绿地养护管理标准》等规章制度，逐步规范完善了绿化工作程序，加强了二级单位对绿地养护管理的责任心，从制度上保障和巩固绿化成果。

安钢还将绿化考核内容列入《8S管理考核细则》，进一步加大了考核力度。严格执行"定标准"、"定责任"、"定要求"、"严考核"制度，实行定期检查、日常检查、专业检查三结合的办法。通过考评机制的建立，促使全公司绿地养护管理水平的显著提高。

四、科技兴绿 人才培养 筑牢绿化科技人才基石

安钢按照高起点规划、高标准实施、高效能管理的总体要求，结合淘汰落后产能，对建筑物、场地进行规划、拆除，为绿化美化腾出20万 m^2 空地。本着"自主创新，打造精品"的原则，实现了生产建设、绿化建设、景点建设、文化建设相融合的和谐生态环境景观。

近年来，安钢取得绿化科技成果5项，获奖论文16篇，在省级以上期刊发表论文5篇。

通过不断加快绿化人才的引进和培养，优化人员配置结构，安钢组建了一支与绿化发展相适应的队伍。其中，作业技师、高级工、中级工达到专业绿化职工人数的70%以上，大学学历达到10%以上。公司每年还组织绿化职工进行为期两个月的专业理论培训和实际操作演练，聘请各个专业技术人员讲课。

五、科学配置 绿中求亮 绿化效果显著

安钢在实现"绿色安钢"的同时，积极创造"亮丽安钢"。各主体厂因地制宜，适当点缀了假山、亭台、曲径、小桥、喷泉、壁画、雕塑、路灯、人工湖等园林小品。风格迥异的园林景观遍布厂区各个角落。

目前，安钢已建成精品道路4条，精品景点60余处，精品厂区6处。安钢第六生活区被国家文明办评为"全国文明社区示范点"；安钢御景园被评为"河南省园林小区"；6个二级厂被评为"河南省园林单位"；18个二级厂被评为"安阳市花园式单位"。

展望未来，安钢将继续坚持新型工业化发展之路，不遗余力地打造"绿色安钢、亮丽安钢、和谐安钢"，实现人、企业与自然的和谐发展。

钢花公园

加强绿色生态建设
打造美丽和谐唐钢

近年来，河北钢铁集团唐钢公司（简称唐钢）站在企业生存发展和建设最具竞争力钢铁企业的高度，全面建设"生态唐钢、绿色唐钢"，创建生态型园林企业，完成了传统企业向绿色、生态、效益、和谐的现代化一流企业的美丽蜕变，成功地探索出一条处于市中心区的老钢铁企业与城市和谐共融的科学发展之路，被中国钢铁协会称赞为"世界上最清洁的钢铁企业"。先后荣获"全国绿化先进集体"、"全国绿化模范单位"、"全国生态文化示范企业"、"唐山市科学发展示范企业"、"资源节约型、环境友好型企业"、"国土绿化突出贡献单位"等称号。

唐钢迎宾路

唐钢滨河大门

一、颠覆传统，创新理念，推动企业"绿色转型"

在企业"绿色转型"过程中，唐钢领导班子进行了有史以来最大规模、最彻底的厂区生态环境综合治理。提出淘汰落后产能，摒弃落后的理念，全面建设生态型园林企业，将自身的建设、发展融入唐山生态城市建设之中，当好唐山市创建科学发展示范区和人民群众幸福之都的排头兵，造福唐钢职工和唐山市老百姓，提出了"环境是唐钢的生命线"的新理念，同时树立起了"生存第一"、"环境第一"的思想，厂区环境要做到"一尘不染"，宁可牺牲产量也绝不牺牲环境，宁可牺牲短期效益也绝不牺牲环境。

二、整体规划，有序治理，打造生态和谐绿色钢城

唐钢以创建和谐共融的生态园林企业为目标，高标准、高水平、高站位地进行厂区环境整体规划和绿化美化综合治理，努力实现"厂在林中、林在厂中、生态和谐、社企共融"。

唐钢成立了以公司总经理为组长的厂区环境治理领导小组及组织机构，同时明确一名副总经理主持日常工作。领导小组下设办公室、五个专业组，分别负责厂区环境绿化综合治理的总体规划设计、工程方案的组织审定、厂区内规划外建筑的摸排与拆除、工程建设项目的组织实施、厂区交通秩序管理、厂区环境治理后的常规管理等项工作。确保了创建一流环境工作的顺利、高效进行。

（1）结合淘汰落后产能，实施拆旧扩绿。结合淘汰落后产能，唐钢拆除了炼铁厂南区3座450m³高炉及附属设施，拆除了原三轧钢厂、电炉炼钢厂等厂房及落后生产线，以及办公楼18栋、规划外建筑房517间、浴室和小食堂70多个，清除驻厂小施工队157家。拆除总建筑面积达33万m²，腾出空地50多万m²，占厂区总面积的五分之一，全部用于植树绿化。

（2）以生态和谐为理念，建设精美景观绿地。在拆旧扩绿腾出的空地上，完善实施了以建设"三园一带"即钢铁花园、水系生态园、文化广场及防护林带为核心的绿化美化总体工程，合理布局厂区园林绿地，从而达到改善空气和净化厂区环境的目的。

在厂区东部拆除电炉炼钢厂和第三轧钢厂后的空地上，建造坡型绿地 12.9 万 m²，栽植乔灌木 1.5 万株，栽植各类花卉、色块 4200 m²，打造了主厂区第一个钢铁花园。在厂区北部拆除炼铁南区高炉区域后的空地上建设了水系生态园，共栽植乔灌木 2.6 万株，播种冷季型草坪 17 万 m²，栽植宿根花卉、色块 8000 m²。投资 1 亿元建成了文化广场，占地面积 26.33 万 m²，绿地面积为 23.18 万 m²，占总面积的 88%，是唐山市环城水系沿线 18 个城市公园之一。文化广场为广大市民提供了一处环境优美的休闲场所。

在主厂区厂界周围，完善形成了与居民区隔离的 50～100 m 宽的防护林带。同时高标准建设迎宾景观大道，对棒材路、南门路、氧气厂北路、高线路等道路两侧绿地进行规划设计，建设宽 10～50 m 厂区绿色纽带，使厂区达到园林化、艺术化、景观化的绿化格局。

通过治理，唐钢新建绿地面积达 77 万 m²，新栽各类乔灌木 10.55 万株，植物种类达 120 多种。做到了树种多样化，乡土树种与常绿针叶树种搭配，层次丰满、色彩丰富、三季有花、四季有绿。如今，唐钢已与唐山市内大城山风景区和环城水系融为一体，成为唐山市一道靓丽的风景线。

（3）高标准建设厂区道路，沿路两侧形成富有变幻的绿色纽带。唐钢新建迎宾路、钢铁大道、铁新路、跨铁路立交桥，拓宽改造棒材路等 9 条道路，新增及改造道路面积 12 万 m²，使公司主厂区形成了"三纵三横"的交通网络。同时，加大铁路运输能力，拆除路旁两侧的附属建筑设施，腾地建绿，增加道路两侧的绿量。

（4）理顺架空管线，规范建筑物外部装饰。唐钢对厂区内涉及电力、煤气、氧气、氮气、压缩空气、蒸汽、水等管线全部进行美化改造。管廊改造长度达 6000m，电缆入地通廊修建长度达 3300m。

对厂区内生产建筑设施、厂房外墙，永久性管道等的外观，进行统一粉刷及装饰，优化了厂区环境面貌。

（5）实施节能减排技术改造，提高厂区生态环境质量。2008 年以来，唐钢累计投资 26.8 亿元，重点完成了炼钢工序除尘深度治理系统、320m² 烧结机烟气脱硫系统、水处理及循环利用、低温余热发电等 26 项节能减排项目。2009 年，建成了华北地区最大的城市中水与工业废水深度处理及综合利用项目，在国内率先实现了工业新水"零"购入，工业废水"零"排放，绿化植物也实现了用净化水灌溉。

三、提高标准、精细管理，实现企业环境的持续提升

唐钢靓丽的环境背后，有着强大的管理基础和优异的经济技术指标做支撑。提升理念、提高标准，唐钢连续出台了多项"精、准、细、严"的管理措施，"抓细节、抓深度、抓落实"，一抓到底，持之以恒。健全了由公司副总经理任绿化委员会主任的管理机构。重新修订下发了《厂容卫生管理办法》等一大批管理文件。组建了一支高效精干的厂容绿化监察队伍，配备了专用车辆，24h 在厂区巡查。同时，加大现场绿化检查考核力度，实行厂区动土施工统一由公司主管经理审批制度。对违反绿化管理制度的行为，按照经济责任制严格考核。

理念决定站位，思路决定出路。唐钢，一个全新的唐钢，正在以"国内领先、国际一流"为目标，以科学发展观为统领，全面建设生态型、效益型、责任型和幸福型企业，打造最具竞争力钢铁企业，让绿色唐钢变得更加精美靓丽、生态和谐。

（王亚光　冯涛　齐凤红　撰稿）

唐钢全景

河北钢铁集团邯钢公司
建设特色绿化 打造魅力钢城

"十一五"以来，河北钢铁集团邯钢公司（简称邯钢）始终站在绿化国土、改善生态环境的政治高度，大力开展植树绿化活动，使企业环境绿化不断攀升新台阶，2006年，被授予"全国绿化模范单位"称号。

2009年下半年，伴随厂区环境综合整治和6S精益管理工程整体实施，邯钢绿化工作真正实现了创特色、上水平，闯出了冶金企业绿化的新路子。厂区绿化覆盖率达到41.6%，实现了向"厂在林中、林在厂中"的绿色生态型工厂转变。

东西区结合部生态园

一、邯钢特色绿化实施的背景

（1）一流的企业，必须有一流的环境。邯钢积极开展了西区建设和东区整体升级改造工作，旨在打造行业一流的绿色环境。

（2）建设绿色环境是公司转型升级的必备条件。目前，邯钢正处于转型升级的关键时期，作为国企典型必须做清洁生产、绿色发展的引领者，自觉担当环境绿化建设重任，提升生产区的绿化和厂容管理水平。

（3）开展特色绿化是新时期绿化的具体要求。2009年后，邯钢通过小品、铺装、钢铁造型等要素突出钢铁企业绿化的特色，再现了绿化品牌效应。

二、邯钢特色绿化实施的内涵

（1）注重生态绿化。围绕建设"绿色邯钢"的宏伟目标，邯钢坚持"钢城＋绿网"、"生态＋园林"的绿化建设总体定位，以绿色生态理念为指导，切实提高绿化建设和管理水平。

（2）融汇园林艺术。通过提高绿化质量，丰富绿化层次，斟选植物品种，优化种植结构，形成全方位、多层次的绿化格局，达到"厂在林中、路在绿中、人在景中"的生态效果。

（3）体现绿化特色。邯钢完善"专业"＋"全员"的绿化工作体制，形成特色鲜明的钢铁工业景观品牌，提供适宜的生态游览和工业旅游，实现人、钢铁、环境的协调持续发展。

三、邯钢特色绿化实施的主要途径

（1）实施体系建设，构建生态绿化框架。邯钢以6S精益管理和厂区环境综合整治等各项工程为依托，以精品景观、绿色廊道等五大绿化体系为重点建设内容，形成网、带、片、点绿化相结合的生态绿化框架体系。已设计建成小高炉拆除区钢铁主题公园、东西区结合部生态游园等多处景观精品。

实施绿色廊道建设，培育"生态主线"，扩大延伸道路网络绿化体系。邯钢结合厂区道路新、改、扩、延工程建设，将1.68万延长米主参观线路，打造成绿化样板路，高标准增建、改造、调整、优化道路两侧绿化带。

实施风景林风景区建设，完善公共绿地生态体系。按照"以绿为主，绿中求美"的原则，在重点"窗口"区域，实施"栽好树种、栽大树苗"，使其"一次成林，半年成荫，一年成景"，尽快形成"森林"。

实施停车场生态建设，完善绿化功能体系。邯钢对八处新建停车场高标准进行绿化建设。通过采用树木交叉错行栽植、车辆错位斜交停放，最大程度增加了车位，这在国内外城市停车场绿化配置上是首例。

实施办公区、服务区配套绿化建设，完善绿化应用体系。合理设置园路、坐凳，适量栽植组团花灌木和草坪地被，设置喷泉水景，构建景园相映、绿水相依、林路相连的局域生态景观。

（2）实施厂界绿化，构筑环厂生态圈。一是完善拓宽环厂防护林带，实现环厂生态圈的绿化目标。打造了西部城区绿化亮点，形成靓丽的环路风景。二是不断加强现场环境综合治理，对厂际间的环境死角死点努力实现复垦绿化。

（3）为进一步提升环境品位，对重点区域和窗口地段高标准实施了美化亮化工程。

（4）建设与管护并重，稳固生态效益。严格按照国家园林管理一级标准养护管理，保证苗木存活率96%以上，新栽苗木成活率98%以上。

（5）健全体制，完善机制，促进绿化可持续发展。邯钢领导坚持分阶段制定实施绿化美化发展规划，并每年定期修订完善《绿化管理标准体系》和《绿化管理检查考核实施细则》，并保证绿化美化专项归口资金充足、到位，使新时期的环境绿化工作稳步前进。具体体现在：

专业绿化。对于厂区内的公共绿化区域和成型景点建设全部采取招投标方法，确定专业绿化队伍承包建设的方式，保证绿化质量。

全员植树。对于各单位内部区域及围墙林带等普通植树地段都划分各厂责任区，由二级厂职工实施义务植树和日常维护。

依法护绿。严格确定"绿线"，科学留用绿化空间，坚持建管结合的原则，切实加强对绿地植物的养护管理。

丰富内涵。搞活植树形式，大力倡导植纪念树，造纪念林，营造"青年林"、"先锋林"等，并广泛开展认养公共绿地、行道树及景点命名等活动。

四、邯钢特色绿化效果评价

邯钢创建特色绿化工作实现了企业环境效益、生态效益、社会效益的和谐统一。

（1）环境效益显著。几年来，邯钢厂区新增绿地面积132万 m²，现有绿地面积达256万 m²，乔木拥有量为42.3万株，人均可享公共绿地面积达65 m²以上，是全省城市人均公园绿地面积平均水平的11倍；2012年厂区绿化覆盖率实现42%目标，高出全省城市平均水平1.6个百分点，厂区绿化形成了一个点上绿化成景、线上绿化成荫、面上绿化成林、环道绿化成带，具有生态园林效果的大美格局。

（2）生态效益显著。随着绿化建设和管理水平的大幅提升，厂区生态特色和观瞻效果日益显现，厂区生态系统日渐稳固，持续改善，生态防护功能不断加强。

（3）社会效益显著。邯钢积极搞好植树绿化建设，改善生态环境，再造区位优势，带动区域经济发展，造福地方百姓，回馈社会和人民。

邯钢积极履行社会责任，在转型升级大力发展循环经济的同时，努力探索和实施特色绿化和企业生态建设，打造出与社会和谐、友好、共生的新型关系，探索走出一条内陆型钢厂与城市和谐发展的新路子。

邯钢大门

生态树阵停车场绿化

河北钢铁集团
舞阳钢铁公司绿化工作经验介绍

办公楼入口绿地

河北钢铁集团舞阳钢铁有限责任公司（简称舞钢）在建设生态型园林式工厂的过程中，一直把绿化美化作为企业可持续发展战略，提高精神文明建设和整体形象的一项重要工作来抓，通过全民义务植树运动和专业队伍的紧密结合，舞钢的环境有了显著改观。多次受到上级部门的肯定和表彰。1970年建厂以来，曾获全国绿委会"全国造林绿化400佳"单位、原冶金工业部 "造林绿化先进单位"、中国钢铁工业协会 "冶金企业绿化先进单位"等称号，并多次被河南省、平顶山市、舞钢市评为"花园式单位"、"清洁工厂"。

近几年，舞钢通过深入学习太钢、唐钢工作经验，拆房透绿，扩大绿化面积，进行了大力度美化厂容厂貌的环境改造行动，进一步改善了厂区环境，为职工创造了和谐、优美的工作环境，提升了公司竞争力。2009 ~ 2013 年共拆除、改造了厂区有碍观瞻的部分工业建筑物 30 余处，扩充可绿化面积。

2008 年以来，舞钢每年都组织 5000 余人次的义务植树活动，栽植了大叶女贞、杨树、桂花、红叶石楠等乔、灌木 127.7 万多株，新增绿化面积 39.74 万 m²。重点绿化了 3 号公路两侧、5 号路中段和东段、2 号路中段、6 号路东段、9 号路东段、厂区加油站周围、成品车间东北、公司科技楼后等地段，厂区绿化改造工作取得了阶段性胜利。

目前，舞钢总占地面积 711.18 万 m²，可绿化面积 266.14 万 m²，累计绿化投资已达 2500 余万元。截至 2012 年 11 月，已绿化面积达 249.16 万 m²，绿化率达 35%，可绿化率达 93.6%。

一、组织领导是关键，费用落实是基础

舞钢领导将绿化工作纳入议事日程，多次召开专题会议研究规划环境建设，经常深入现场指导绿化工作，发现问题，及时解决。并把绿化经费纳入公司财务预算，指定生活服务部负责管理，做到专款专用，从资金上保证了绿化工作正常进行。同时，要求全公司建一块绿地，成一块绿地，保一块绿地，发展、巩固绿化成果。在植树季节，还积极参加义务植树活动。公司组建了专业绿化队，划分了各单位绿化责任区，包栽、包活、包管理，专业绿化与群众绿化相结合。公司统一规划、设计、供苗，进行技术指导，栽植、日常管理由各单位自行负责，使舞钢的绿化工作进行得有声有色、深入扎实、经济高效。

二、科学规划，突出重点，建设生态型园林式工厂

舞钢绿化工作指导思想是坚持以科学发展观和循环经济理论为指导，走可持续发展道路，把舞钢绿化工作融入到企业整体发展战略中，高效、优质、快速地建设舞钢生态园林工厂，为塑造企业良好形象，提高企业综合竞争力努力奋斗。

根据实际情况，舞钢制定了长、中、短期绿化规划，为治理舞钢环境做好了准备。在规划工作中，舞钢坚持科学规划，高标准设计，严格要求施工。规划要求把主厂区现有未绿化地，分解成五年完成绿化栽植、建设任务，实现"黄土不见天"，将舞钢建成与"国内闻名，世界一流"的特钢企业相适应的生态园林化工厂。

三、严抓管理，狠抓落实；克服困难，群专结合

为确保高质量完成绿化任务，在植树季节舞钢绿化部门从各班组抽调精兵强将，组成四五十人的绿化施工"突击队"，划分临时班组突击完成急、难、重绿化任务。同时，强调劳动纪律，制定了月工作绩效考核制度，加强考核，严格考核，根据各小组及每人的工作绩效，奖优罚劣，在经济收入上明显与其他职工拉开档次，保证了主要绿化任务的顺利完成。

（1）建章立制，完善各项规章制度。舞钢制定并下发了《舞钢公司厂容环境管理办法》、《舞钢公司绿化管理办法》；并全面修订、完善了绿化环卫工作岗位责任制、工作标准、管理制度、考核体系四类制度，并量化指标，严格考核，开始全面推进精细化管理。在全公司范围内推行"6S"管理，提升了现场管理水平。

（2）有计划进行内部业务培训，组织业务技能比赛，激发职工敬业爱岗的积极性、主动性和创造性，把推进精细化管理、美化舞钢落到实处。

（3）依照相关管理制度，加强管理，严加考核。生活服务部职工实行挂牌上岗，接受群众监督考评，生活服务部所属各单位对工作质量互评，以全面改进工作作风，搞好优质服务。对绿化、环卫工作，实行分片包干，完善管理责任制，并落实相关人员，实行日检查、周评估、月总结，对检查结果纳入考评体系，激发职工工作积极性；对厂区清扫马路的员工分成2人一组，全天保洁，配备三轮车清理垃圾，杜绝往绿地倾倒垃圾现象。

为巩固现有绿化成果，舞钢修订下发了《河北钢铁集团舞阳钢铁公司绿化管理办法》，加大考核力度，基本杜绝了乱砍乱伐和随意侵占绿地的现象。通过制定《关于保护绿化树林的若干规定》、《绿环大队经济责任制考核办法》等规章制度，实行精细化管理，将栽种、养护、管理等各个环节有机结合起来，确保新植苗木成活率达90%以上，保存率达95%以上。

（骆华章 撰文 攻新留 摄影）

原一轧食堂拆房透绿景观

第三停车厂绿地

TISCO 太钢推进绿色发展 打造都市型钢铁企业

太原钢铁（集团）有限公司（简称太钢）始终把生态环境建设作为企业发展战略的重要组成部分，全力创建生态型、园林化工厂。目前，厂区绿化面积达到 294.4 万 m²，绿地率达 34.59%，绿化覆盖率达 39.65%。太钢先后荣获 "全国造林绿化先进单位"、"全国部门造林绿化 400 佳单位"、"全国冶金绿化先进单位"、"全国钢铁行业绿化先进单位"、"山西省环境保护先进集体"、"山西省造林绿化先进企业"、"太原市西山生态整治模范单位"、"省城创建国家园林城市模范单位"、"全国绿化模范单位"、"第二届中国绿化博览会贡献奖"等称号。

绿色太钢

一、大力倡导绿色发展理念，绿色文化深入人心

太钢大力实施绿色发展战略，创新绿化美化、生态环境建设管理体制和运行机制，设立了绿化委员会，每年召开专题会议，制定规划，分解任务。厂区绿化养护采取功能性承包形式委托专业绿化单位进行养护管理，实现了厂容绿化的专业管理。

太钢充分发挥《太钢日报》、太钢电视台、太钢网站等媒体的作用，进行绿色环保宣讲教育，积极组织职工参与整理场地、绿化植树及建立爱绿护绿责任区等多种形式的全民义务劳动，职工义务植树尽责率达 98% 以上。

二、科学统筹规划，绿化美化水平不断提升

太钢坚持走自主规划设计的创新之路，精心编制了《厂区绿化规划方案》，确定了适地适树、以植物造景为主，以改善厂区生态环境为重点的规划思路，实现科学性、多样性与观赏性的统一。2000 年以来，太钢以 "拆旧建绿、拆墙透绿、见缝插绿" 为手段，本着 "腾出一片、绿化一片、见效一片" 的原则，实现了重点工程项目的绿化建设与项目建设同时设计、同时施工、同时竣工的目标。

优化功能布局是太钢增绿的又一重要途径。到 2015 年，厂区共拆除破旧建筑物超过 43 万 m²、围墙 4.92 万延米、管线 1.4 万 m，整治铁路沿线 5.97 万延米，挖渣换土 212 万 m³，回填土方 264 万 m³，改造厂区道路 6.56km，新植各种苗木 823 万余株，立体绿化 4.2 万延米，新建改建绿地 200 万 m²。

太钢坚持乔、灌、花、草等植物合理配置，形成了以道路、铁路、空中管网绿化为主"线"，以多层次复式结构的万平米绿地为靓"点"，以单位基础绿地为绿"面"，以多造型时令花草点景为"体"的"点、线、面、体"相结合的厂区绿化网络。

三、确保投入，精细管理，绿化事业持续健康发展

2005 年以来，太钢先后累计投入绿化资金达 3.02 亿元。每年都足额拨付厂容绿化维护费用，仅在 2009 年 "万株大苗进太钢" 的春季绿化中就投入资金 600 万元。2012 年，实施渣场护坡绿化改造工程，又一次性投入资金 380 万元。

绿色钢铁

在绿化中，太钢实行招投标制度和绿化工程监理制度，建立了完善的绿化分供商和分承包商的评价体系，严格苗木质量、栽植质量、养护质量的全过程把关。严把施工占用绿地审批关，同时制定了《5S 与厂容责任区管理规定》、《厂容管理"十不准"规定》等管理文件，建立和实行了半年和年度考核评比制度。

四、推行循环经济模式，建设资源节约型的生态园林化工厂

在太钢退休职工李双良的带领下，太钢将堆积近半个世纪占地约 2km²、体积约有 1000 万 m³ 的大渣山，改造成风景秀丽的渣山公园，开启了太钢发展循环经济的先河。

太钢应用循环经济模式开展绿化工作取得显著效果。一是绿化用水全部使用工业循环水，改造、敷设绿化浇水管道 4 万余延米，推行喷灌、微喷等方式浇灌植物，每年可节约自来水 230 万 t。二是合理使用工程基础土方为绿化所用，节约绿化土方的外购费用上千万元。三是向空中、贫瘠土壤、边角碎地要绿，累计完成厂区 4.2 万延米的立体绿化，124km 铁路沿线近 3.7 万 m² 的绿化。四是构建以"三个绿色廊道"（公路、铁路、能源介质管网）为主线，万平米以上的绿地为景观节点的绿化网络。五是采取"加密造林、置换造林、孤植造景"等手段丰富绿化景观。

五、实施矿山复垦，建设绿色矿山

太钢通过实施低品位矿石回收、尾矿捞选、废石开发建材、轻烧粉压球、排土场废石干选再回收等项目，不断提高了矿产资源综合利用率。

太钢还制定了 2011～2015 年矿山地质环境保护与恢复治理方案并组织实施。逐年加大废石场和尾矿坝土地复垦的绿化投入，完成土地复垦面积近 60 万 m²，绿化面积超过 16 万 m²。

太钢的工业废水实现了"零排放"，水资源循环利用效率得到明显提升。例如，尖山铁矿通过修建尾矿库回水利用等工程，年可回收尾矿回水等 554.8 万 t，减少新水消耗 550 万 t。

六、积极履行社会责任，大力开展绿化荒山造林工程

太钢积极履行社会责任，主动承担了太原市东、西山脉的造林养护任务。在连续四期的造林工程中，累计完成荒山造林近万亩。2009 年，太钢又主动承担了尖草坪区杨家村至西张村地区面积达 265 亩的荒地植树任务，仅用 20 天时间就圆满完成了绿化植树任务。

太钢还积极参与建设的西山城郊森林公园工程，绿化植树累计完成约 3700 亩。

2009 年 5 月 26 日，时任国家副主席习近平同志在太钢视察时指出，"太钢节能减排水平高，循环经济搞得好，园林化工厂建设的水平很高，达到了国际先进水平。"

绿化荒山

渣山公园

和谐太钢

中阳钢铁
企业的辉煌和绿色相伴

职工女子公寓

一焦化厂

膳食六部

绿色钢铁

山西中阳钢铁有限公司（简称中阳钢铁）始终坚持提高钢铁产能和推进工厂园林化建设并重的发展战略，从而实现了企业的快速扩张和工厂环境的迅速改善。截至 2012 年底，中阳钢铁绿地面积达到 145.2 万 m^2，厂区绿化率达到 41.4%；建成厂区园林小游园 11 处，总面积 35.2 亩，人均休闲面积 2.4 m^2。初步建成了花园式工厂、园林化企业。

早在 1992 年公司董事长就提出"当别人还没有绿化意识之时，我们已经开始绿化；当别人已经开始绿化之时，我们已经形成气候。工厂要绿化，用绿色品牌来打出公司特色指导思想。这是企业园林化建设的初步设想。"

中阳钢铁连续 10 年投巨资给园林工程建设注入了活力。从 2004 年到 2012 年，公司园林工程建设累计投资达 5400 多万元，每年平均 675 万元，占到企业利润的 2.4%，占到基建投资的 11.2%。这在全国同行业中是少有的。在园林工程投资最多的 2004 年和 2005 年，每年投资达到 800 万元，占到当年企业利润的 4.1%。要特别提出，为了提高绿化效率在每年公司的园林工程投资审批上，简化了工程决算程序，由袁总亲自审批。投资的即时到位成为工程建设周期提前或缩短的助推剂。

由于工程投资及时到位，工程承包方，特别是承包方工人工资在承包期间连续 8 年每月第一天兑现。园林工人工资从建设初期到现在已翻了三番。

2003 年，中阳钢铁多次请有关部门和相关专家对公司园林工程建设进行项目调研和工程可行性论证，编制了《园林工程建设可行性研究报告》，调绘了《依山绿化工程全小班万分之一航图片》，为工程的规划设计提供了科学依据。在 2004 年，又集中科技人员对公司园林工程进行了科学的规划和设计。为公司领导提供了园林工程电脑效果图 194 帧，为工程施工提供了施工建筑结构图（非生物建筑）276 幅，园林建筑施工图 347 幅。真正做到了按项目规划，按规划设计，按设计施工。

在园林树种的选择上，选择了抗 CO_2、SO_2、$CaHCO_3$ 粉尘的树种，铺建了消噪声、耗水少的草坪。

在园林小品建设上，基本做到职工上班见花草、节假日赏喷泉景观、登山游玩。据测算，厂区赏心悦目度指数达到国家景观指数 2 级，属公园游 B 级。

在公司园林景观建设上，采取了草本花、木本花并重，常见花和季节花同植的方式，不断引进了重瓣月季、菊花等二三十个品种，使厂区景观有了进一步的改观。

特别应该提出的是，先后在厂区炉渣堆放区、垃圾填埋区、沟壑纵横区景观不雅之处栽植 14 万平米紫穗槐成为中钢建设的一条靓丽风景线。

焦化厂夜景

在园林工程建设中，公司科学安排工期，力求达到土建和园林同步推进，同期投产。

在厂区美化中，做到重大节日花卉苗木自育自足。从 2004 年到如今已累计培育花卉苗木 37.5 万株。

在园林工程检查验收中，采用了万分之一航片调绘结果输入"电子秤"计算面积和株树的做法，科学、真实地核实了工程量。

此外，公司每年利用彩色红外线卫星影像图的色泽解译评估当年园林绿化成果，并利用解译成果制定下一步的生产措施。

在园林工程管护中，科学制定了"一保证、五无"的管护标准。"一保证"就是：保证管护地块土壤含水率达到 15％～18％；"五无"就是管护面积内无杂草、无病虫害、草坪地块无夹心滩、色块丰满无缺苗、乔灌木植株无枯枝，管护质量由 2007 年前的国标 2 级提高到国标 1 级。

在病虫害防治中，公司还引入病虫害预报动态数字模型，提前预报了当地病虫害发生规律、种群数量、危害程度等，总结出了《中钢园林病害虫防治历》和《中钢园林病虫害预防措施》等一系列防治病虫害的经验和措施。

中阳钢铁稳定的绿化建设政策以及连续的投资和项目实施，提升了公司文化品位，提高了公司的软实力。在 2012 年全国钢铁行业钢产能规模排名中公司虽然不在其中，但在中国钢铁工业协会的全国大中型钢铁行业绿化先进名单中却榜上有名。

中阳钢铁创建绿色品牌使其在钢材市场中取得了不小的份额。钢材销售业绩显著。据统计，2007 年前，中阳钢铁在全省及周边省份建材市场中的比重约 5.4％～8.4％；到 2010 年，市场比重提高了 5 个百分点，约占 10.2％～13.8％。绿色品牌的创建成为市场份额提高的间接推手。

回顾几年来的园林工程建设我们深深地感到，山西中阳钢铁有限公司的绿色繁荣和绿色伴行，企业的兴衰与园林同在。

中钢全景

包钢从 1954 年建厂伊始就非常重视厂容绿化工作，经过几代包钢人的顽强拼搏，大力植树造林、改善生态环境，厂容厂貌发生了根本变化。

经过努力，包钢已经成为社会认可的新型钢铁企业，被誉为塞北高原的璀璨明珠。几年来，包钢厂区拆除废旧建筑 18.39 万 m^2；新植乔木 44.5 万株，灌木 243 万丛；新增改造绿地 135 万 m^2，厂区绿化覆盖率由 2009 年的 35% 提高到现在的 38.1%；新建、大修、改造道路 27 条，维修改造道路 33 万 m^2，新增道路面积 7.23 万 m^2，新建路灯 88 座。完成工业建（构）筑物外墙涂料超过 129 万 m^2、外墙修缮抹灰 10.42 万 m^2，钢结构防腐 7.92 万 t，管道防腐刷油 94.2 万 m^2。2006 年，包钢被评为全国冶金行业的绿化先进集体；2010 年被评为第二届全国绿化博览会"钢铁风情园"先进单位，并连续多次被评为内蒙古自治区和包头市的绿化先进集体，申报成为 2012 年全国绿化模范单位，已经行业协会初审合格推荐至全国绿化委员会。

厂区道路

一、2010 年包钢拉开大规模厂容治理的序幕

2010 年 6 月包钢组织 8 个管理部室、17 个主体单位、5 个分子公司的主要领导，实地考察先进单位的厂容治理工作，提出了"一年见成效、三年大变样，用三年的时间厂区绿化覆盖率提高到 38%"的奋斗目标。同时制定了近期、中期、长期规划，建立长效机制，分步实施，并纳入公司"十二五"规划，正式拉开包钢开展大规模厂容治理、打造花园式工厂的序幕。

二、拆房建绿，拆墙透绿，让老厂区旧貌换新颜

包钢专门成立了由一把手担任组长的拆迁领导小组和各二级单位以总图审批为准，下发了 5 批拆除计划。2010～2012 年，共拆除各类废旧建筑 18.39 万 m^2，占地 23 万 m^2，除公司规划新建项目外，其余空地全部进行了绿化，如薄板厂热处理片林、选矿厂铁二路北片林、物资公司原料站片林、吉园、祥园、如园等。特别是选矿厂拆除面积达 1.6 万 m^2，种植树木 4 万余株，全厂绿化覆盖率达到 39%，大大改善了原料区域的环境。无缝厂、设备部、厂办公楼等地拆除废旧建筑超过 4000 m^2，拆除硬化面 6800 m^2，绿化种植各类乔灌木 1.8 万余株。

围墙的拆除让绿地公众化，使各厂之间无缝对接，有界限，无围墙，进一步提升企业形象。

三、精心组织、全员参与，深入扎实地开展全民义务植树活动

包钢成立了由主管领导任主任的新一届绿化委员会，各职能部门领导为委员。下设绿化委员会办公室，负责全公司绿化工作的指导和管理，建立了多个领导干部义务植树示范点。建立健全了《包钢（集团）公司绿地养护标准》、《包钢（集团）公司厂容管理及考核办法》等一系列管理制度。

几年来，包钢把打造"绿色包钢"工作提升到实现企业可持续发展、打造一流企业的高度，列入重要议事日程。专门召开动员会，组织每年的义务植树活动，同时加强管护，确保成活。2010～2012 年，包钢组织义务种植乔木 44 万株，参加人数达 18 万人次，义务植树尽责率达到 100%。

包钢绿化工作以大面积林带建设为主，最大限度地发挥了绿色植物净化空气、改善环境的作用。大林带、大绿色、少硬化、多绿化、

少种草、多种树，是包钢绿化的特色。几十年来，包钢人在厂区与市区之间建设了百万平方米的防护林带，厂区内拥有绿地面积达914 万 m²。

为增强绿化美化效果，展示绿色包钢的特点，包钢先后因地制宜地建设完善了一系列园林广场，如河西公园、广场绿地、生态广场、神马广场、运动广场、信息大楼广场、销售公司花木园；有宁、静、怡、和等花园绿地。

四、渣山治理，矿山绿化彰显大型国企对社会的责任

2011 年，在包钢集团及包钢西创各单位的努力下，对 1 号渣山进行治理。共回填土方 30 万 m³，平整场地 20 万 m²，在总面积 106 万 m² 的 1 号渣山上种植了 2.16 万株新疆杨、137.2 万丛灌木，绿化面积近 20 万 m²。2012 年，又开始实施了渣山二期绿化工程，种植了乔木 2.7 万株，灌木 40 万丛，绿化面积 20 万 m²。现已形成 40 万 m² 的防风固沙、减少污染的重要林带。2006 年，包钢全面启动尾矿库区的生态治理工程。2006 ~ 2010 年植树 5.9 万株，绿化面积 26 万 m²；2011 ~ 2012 年，利用引进技术合作栽植坝体护坡适生树种，改善库区的生态环境。通过人工植树造林，改善了尾矿库区的生态环境，提高了坝体安全性，同时也改善了尾矿库区和包头市的生态环境。

包钢所属巴润矿业公司响应集团公司提出的"人造环境、环境育人"的号召，狠抓厂容厂貌及规划工作，并认真组织实施。在积累白云地区绿化种植经验的同时，在 2010 年已拥有 8.6 万 m² 绿地的基础上，近两年又种植乔木 5500 余株、灌木 4.5 万余丛、沙地柏 6 万余株，成活率达到 95%，并开展矿山复垦工作，正逐步向绿色矿山迈进。

五、加强道路整治和垃圾运输管理，营造良好、安全的交通环境

2010 ~ 2012 年，包钢重点组织实施了厂内外 27 条道路的建设、维修拓宽、更换路沿石、改造雨排水，参观线路更换大理石侧石的改造工程。运输部在 2010 ~ 2011 年改造了厂内三条主干道的公铁平交道口的基础上，2012 年对所属站场及铁路沿线、道口的厂容环境又进行了专项治理，并对主要地段护坡进行绿化美化。

六、管道防腐亮化与绿树成荫的环境相得益彰

2010 年 8 月 10 日开始，包钢对厂区内主干道的工业建筑物、管道及支架等设备设施进行防腐与亮化，以实现设备安全稳定运行和亮化美化的目的。3 年中，工程累计完成工业建（构）筑物外墙涂料 129 万 m²、外墙修缮抹灰 10.42 万 m²，钢结构防腐 7.92 万 t，彩板更换 1.73 万 m²，彩板清洗 23.92 万 m²，油漆涂刷 29.72 万 m²，管道防腐刷油 94.2 万 m²。包钢，也将伴随着这项治理"变革"的成功，崛起为西部的"钢铁花园"。

七、加强整改，整体规划，全面建立长效机制

厂容治理是与包钢大发展相匹配的系统工程，是国家对企业转型升级的必然要求。为此，包钢不断加大检查和整改力度，建立厂容治理长效机制。在日常检查管理基础上，每年组织厂容治理中期检查和年底专项检查，检查结果与各单位的绩效考评挂钩，并作为年终评先的重要依据，检查结束后下发检查通报，对需各单位整改的问题逐条抓好落实。

目前，包钢正在结合自身实际，按照2013 ~ 2015 年三年厂容建设总体规划，全力打造高质量、高品位、高水平的一流厂区环境。

（包钢集团公司生产部厂容管理处　撰稿）

| 铁四路景观 | 职工在苗圃参加植树劳动 | 宁园 |

建设美丽的鞍钢

鞍钢，作为新中国钢铁工业的长子，占地面积157公顷，其中冶金厂区占地面积24万 m²。其绿化工作发展主要经历三个质的变化。一是"九五"期间结合技术改造和环境治理整顿拆房建绿，拆除各种非生产设施，腾出空地建绿地植树种草；二是结合公司"十五"建设精品基地开展绿化规划设计，引进和培育适生树种，形成适应不同厂区环境的多物种绿化结构、乔灌草结合；三是打造生态型钢铁企业，引进专业绿化人员，对厂区绿化科学规划，与企业文化建设和建设绿色钢铁相结合。截止到2012年底，鞍钢共栽种乔木538万株，灌木1525万株，藤本植物272万株，草坪360万 m²，冶金厂区绿化覆盖率达40％以上。1999年、2005年荣获辽宁省政府授予的"花园式工厂"和"辽宁省绿化模范单位"荣誉称号，2004年荣获"全国绿化模范单位"荣誉称号，2011年鞍钢荣获"国土绿化突出贡献单位"荣誉称号。

1. 领导高度重视，绿化工作有强大的组织和资金保障

鞍钢把绿化工作纳入到鞍钢发展的战略规划中，成立了由总经理任主任的绿化工作委员会。每年都要召开专门的党政联席会议，听取上一年度总结和本年度绿化工作计划并决定下达当年绿化资金。2000年以来，鞍钢每年对绿化工作的资金投入都在5000万元以上。

厂区绿化

鞍钢全景

2. 健全绿化工作机制、制度、规范、建立专业绿化队伍

鞍钢建立和实施《鞍山钢铁集团公司清洁生产标准》、《建设施工项目占用、损坏绿地补（赔）偿管理办法》、《鞍山钢铁集团公司绿化及管护标准》、《厂容绿化监察管理办法》、《鞍山钢铁集团公司厂区施工现场管理暂行规定》等一系列规章制度。组建了注册资金2000万元以上和国家一级绿化资质的鞍钢厂容绿化筑路有限公司，拥有员工近千人。其中，具有中高级绿化技术职称的60多人，专业车辆机具百余台（套）。

3. 科学规划，严格管理绿地，取得了良好的生态景观效果

2004年以后，鞍钢提出"规划、设计先行、适地、适树"绿化原则，在鞍钢西区精品板材基地增加了彩叶树种和常青树的栽植量，形成了三季有花、两季观景、四季常青的精品景观绿地。在鞍钢化工厂区域，栽植了耐气体粉尘污染的桑树、丝棉木。在矿渣山土地贫瘠、干旱区域栽植了火炬等树种。

鞍钢厂容绿化筑路有限公司对绿地管护实行严格的责任区域化管理。专业化的作业和指导，促进了绿化工作上台阶、上水平。

4. 组建专门队伍强化绿化管理，绿地管理实现档案化

鞍钢组建了专门的绿化监察队伍，强化绿化监察管理。并为每一块绿地、每一株树木建立档案实行精细化管理。

5. 把企业文化融入绿化设计中

鞍钢在设计理念中把绿化溶入企业文化中，比如将老英雄孟泰塑像布置在机关办公楼前的绿地中，将雷锋使用过的推土机放置在他曾从事的岗位边；将老高炉与新高炉镶嵌布置，彰显出历代鞍钢人不懈的努力与拼搏的工作作风。

6. 把建设绿色钢铁理念贯穿于绿化工作中

鞍钢在建设鲅鱼圈钢铁基地绿化时，直接将生态思想贯穿于绿化工作设计中，结合当地气候土壤条件，适地适树，以乡土树种为主，注重树种合理配置，提高生物多样性，现已栽植近 70 个品种，60 余万株绿化植物。

7. 注重全员绿化宣传教育，推动绿化工作上水平

鞍钢利用《鞍钢日报》、有线电视台等媒体大力宣传绿化工作。鞍钢每年参加义务植树的人数均在 30 万人次以上，鞍钢厂区的"劳模林"、"青年林"就是职工热情参与绿化工作的见证。

8. 把矿山生态恢复作为年度生产任务来抓

从 2000 年开始，鞍钢制订和实施了矿山生态恢复计划，减轻或消除了排岩场和尾矿坝对城市环境造成的影响。

一是鞍钢齐大山铁矿采取保存采矿剥离层黄土的方法，在排岩场达到设计标高后，立即将土覆盖在排岩场上，进行平整种树。经过多年的努力，比较稳定的生态系统基本形成，其完成生态恢复面积 500 万 m^2，实现对废弃排岩场 100% 生态恢复。

二是鞍钢眼前山铁矿对具备种树的排岩场坡下区域种植适宜生长的示范树和经济树种；对不具备种树的排岩场顶面，垫覆客土

冷轧厂二冷轧外景　　　　　　　　　　　　　　　　　　　　　　　　新二号、三号高炉

试种紫穗槐，成活率达到 85% 以上。目前，鞍钢已完成占地 25 万 m^2 的废弃汽运排岩场的生态恢复。

三是从 2003 年开始，采取植树、植草、固沙等措施对占地面积 252 万 m^2 的废弃尾矿库进行全面生态恢复。目前，鞍钢在尾矿坝上种植了乔木约 160 万株，灌木约 40 万株，将昔日扬尘的废弃尾矿坝变成生态果林场。

四是对城市道路两侧有视觉污染的排岩场边坡进行生态恢复。2003～2004 年两年里，鞍钢采取工程与生物措施完成长约 1600m 的排岩场坡面生态恢复。远处望去原来的荒山秃岭被绿色覆盖。

五是为支持矿山生态恢复工作的持续性，鞍钢一方面发展生态恢复用苗基地；另一方面培养从事生态恢复的专业化队伍。现已建成占地约 30 万 m^2 的苗木基地，专业从事矿山绿化工作人员近千人。

鞍钢的矿山生态恢复工作效果显著。截至 2013 年底，鞍钢现已完成造林面积 1049 万 m^2，占鞍山地区总应恢复面积的 80% 以上；建立了占地面积 30 万 m^2 的苗木基地，形成了以林养林的发展格局；培养了一支生态恢复专业队伍，对恢复的绿地由专业人员管护，保证矿山生态恢复工作的健康持续开展。

从城市沙漠到生态观光园

——鞍钢矿山复垦纪实

在鞍山市周边，昔日一个个沙尘弥漫、生态失衡的排岩场和尾矿库，如今已变成了一处处秀美的生态园、花果山。这10余年间的沧桑巨变，都要归功于鞍钢以及鞍钢矿业公司坚持不懈的复垦绿化工作。

鞍钢矿业公司作为鞍钢钢铁生产的"粮仓"，拥有7座大型露天铁矿山、1座大型井下铁矿、6个大型选矿厂、4条200万t球团矿生产线和1条360 m²烧结矿生产线。因近百年的开采，在鞍山市周边形成了4个大的排岩场，共占地1289.5万 m²，4个尾矿库共占地437万 m²。排岩场和尾矿库也一度被称为"城市沙漠"，成为鞍山市的扬尘污染源之一。

◎ 实施复垦绿化 发展循环经济

为贯彻鞍钢提出的建设绿色鞍钢的目标，鞍钢矿业公司把矿区复垦和生态恢复作为促进企业可持续发展的一项重要工作，制定了"鞍钢集团鞍山地区生态环境保护规划"，确定了"分步实施、分期治理"的复垦绿化方针。

从2000年开始，鞍钢矿业公司分三个阶段对矿区、矿区周边以及排岩场、尾矿库进行了大规模的治理。同时，还组建了生活协力中心绿化分公司，建立起苗木基地，每年繁育培植绿化苗木数万株。为了保证绿化复垦的效果，他们通过开展绿化技术攻关，研制生产出具有自主知识产权的粉尘覆盖剂，并创造性地采用柳条筐固坑法、混凝土挡石筐、滴水浇灌等方法提高植物成活率。他们还把鞍千矿业公司施工时产生的废土收集起来，用于排岩场复垦，很好地解决了土壤稀缺的难题。由于管理到位，树木的成活率达到了96%。

◎ "全民"总动员 打造秀美矿山

大孤山铁矿地处鞍山东南郊，是一座有着近百年历史的露天矿。在这个矿70万 m²的排岩场上，已栽植乔木、灌木等50多个品种的绿化类和观赏类树种，开辟了包括桃园、杏园在内的果园专区，不仅消除了二次扬尘和水土流失隐患，恢复了生态环境，还把东山包排岩场变成了一个绿化观光生态园。

东鞍山烧结厂尾矿库距鞍山市区仅3km。春天这里树木葱郁，微风拂过，如同一片绿色海洋；秋日梨园中硕果压枝、梨香四溢，令人沉醉。近些年，东鞍山烧结厂发动员工坚持不懈地复垦绿化，在面积达250万 m²、高达近100m的尾矿坝上，累计种植果树6000余株，速生杨及其他乔、灌木300多万株，复垦面积200公顷。这里经常能看到野兔的身影，更有可爱的小松鼠会时不时地跑到甬路上。

近几年，齐大山铁矿职工们运来了600多万 m³的回填土将整个废弃排岩场覆盖，又在上面栽种了200余万株各

绿色钢铁

类树木，在厂区铺设 20 余万平方米草坪，种植了 5 万余棵各类果树。每当果树开花的时候，到处都能闻到花香，果子成熟的时候，满眼都是诱人的颜色。职工们说，工作在这样的环境中，心情特别舒畅。

如今，齐大山铁矿采场区域生态环境得到了有效恢复，每年绿色植被释放出的大量氧气，有效地改善了矿区的空气质量，采场周边的空气明显净化，空气含尘浓度逐年降低。

◎ 建设绿色矿山　远景令人期待

2000 年以来，鞍钢矿山公司已累计投资 3 亿元，完成生态恢复面积约 1000 万 m^2，种植乔木 600 万株、灌木 580 万株，复垦绿化覆盖率达到 43.5%，创同行业最好水平。鞍钢集团矿业公司经理表示，作为特大型国有企业，除了追求经济效益外，更应自觉担当起社会责任，矿业公司要在为鞍钢为国家输送精品矿石的同时，把青山绿水留给子孙后代。

他们将通过建立和完善矿山环境治理监督管理体系，建立健全矿山生态环境建设和环境保护规章制度体系；规范矿业活动，减轻矿山生产对环境的影响；开展污染与地质灾害严重区域治理，改善矿山开采后的生态环境；落实矿山治理后的养护工作等手段，到 2015 年，矿山环境治理面积占可恢复面积达到 85%，植物成活率达到 85% 以上，矿山"三废"达标排放；到 2020 年，矿山环境治理面积占可恢复面积将达到 90%，植物成活率达到 90% 以上，建成 5 处以上市级植被恢复示范区的复垦工作规划总体目标。

打造绿色矿山，把青山绿水留给子孙后代。绿色鞍钢的前景令人期待。

（王晓光　撰文）

建设美丽凌钢
——凌源钢铁集团有限责任公司建设花园式工厂纪实

凌源钢铁集团有限责任公司（简称凌钢）在推进企业做大做强的同时，最大限度地实现了资源的有效利用和环境改善，营造了人与自然关系和谐的绿色生态凌钢。目前，凌钢绿化面积达到 71.88 万 m^2，可绿化率和厂区绿化覆盖率分别达到 98.7% 和 28%；拥有各类树木 59.37 万株，建立景点 50 余处，拥有绿化植物品种 100 余种；年生产草花 15 万株，木本花 0.5 万株，草坪面积达 11.24 万 m^2；组织职工完成社会植树 27.5 万株。建厂 47 年来，凌钢先后荣获了"全国冶金绿化先进单位"、"辽宁省绿化模范单位"、"辽宁省花园式工厂"、"全省工矿企业绿化工作先进单位"等称号。

◎ 认识到位是前提　目标明确保进度

1998 年以后，凌钢将节能减排、绿化美化工作提到了一个新的高度。特别是近 5 年来，凌钢先后投资 10 多亿元用于节能减排，加强了能源、资源高效利用新工艺的投入和应用。

在强力推进节能减排，使凌钢实现由黑色钢铁向绿色制造重大跨越的同时，还大力实施绿化美化工程。采取"统筹规划，督促指导，分片包干，各负其责，检查评比，总结推广"的具体措施，确保绿化目标的实现。凌钢责成一名副总经理分管绿化美化工作，各分厂也确定一名负责人抓绿化美化工作；凌钢还绘制了厂区绿化美化责任分布图，将绿化指标层层分解落实，并与基层单位签订绿化保护责任书；加大了对违规行为的考核力度，实现了绿化管理质量和管理效益的提高；坚持注重投入，从严厂容管理，做到任务、经费、土源、苗木、养护管理五个落实。通过以上举措凌钢绿化面积以每年 4 万～5 万 m^2 的速度递增，绿化覆盖率由 1997 年的 7% 提高到 2012 年的 28%。

◎ 科学统筹定规划　全员参与建园林

凌钢采取中长期规划与年度规划相互补充的方式推进绿化美化工作。按照方案要求，结合厂区功能布局现状进行绿化。通过拆房建绿、拆墙透绿、墙上挂绿、见缝插绿来扩大绿化面积，并做到拆一片，绿一片，美一片，亮一片，不搞大统一。1998～2012

年，14 年时间共拆除各类建筑、破旧房屋及仓库、车棚等 25 万 m²。

近年来，凌钢将绿化工作重点放在了提高档次，提高品位上，设计讲精品，种植讲精细，做到了"点、线、面结合，现在将来结合，平立结合，绿亮美结合"。在全部 50 多个景点中，有 20 多个各具特色的规模式景点，并注重在厂前（办公）区、窗口、主干道、生产区绿化上下工夫，取得了良好的社会效益、环境效益和经济效益。

在厂区大门建成了 1.22 万平方米绿地，用 18 个品种 1.5 万株树木组成模纹造型，突出了植物的群体美。办公楼院内 7.36 万 m² 绿地实施了一中心、两广场、绿地多片的园林绿化景观工程，植树 11.9 万株，形成了以大规格绿化乔木为主体的植物生态群落和两个水系系统。

宾馆院内绿地设计为一环路、一广场，多片绿地与荷塘结合的设计结构。

主干道绿化实现了"绿随路建，有路皆绿，路通建景"的目标。凌钢厂区现有的两个环路、五条主干路沿路树木、景点连片，绿地面积达 15 万 m²。

生产区绿化实现了建景点植片林，形成植物群落。五个厂区现已形成乔灌草复层绿化结构，其中四个区域粉尘噪声大，就选择抗污染能力强的高大乔木和灌木多行密植，形成多层次的混交林，达到了掩映吸尘效果。各分厂区域因地制宜，见缝插绿，加大了绿化美化建管力度。对转炉炼钢厂、炼铁厂、焦化厂、动力厂、原料厂、钢管厂、制氧厂、计量信息部及检修中心等区域的沿路小型空地见逢插绿，也实施了小绿地建设。

凌钢不但在本公司绿化美化上工作创新，而且还积极支持凌源市社会植树，退耕还林，投入大量人力物力，建成了凌钢东山绿化风景区。该景区占地面积 300 亩，栽种了 11 个品种、3.5 万株树木，下游种植了大扁杏 110 亩 7.1 万株。

高标准科学养护　展未来任重道远

凌钢十分注重科学管理和精心养护，巩固绿化成果。制定下发了《凌钢集团公司绿化管理实施细则》和《凌钢厂区绿化养护管理规程》，强化专业养护责任制考核，加强监管力度，克服"重建轻养"现象，确保了厂区的绿地总量和绿化成果。

多年来，凌钢办公楼、会议中心、宾馆等大厅一年四季都有绿色植物装点。办公区、厂前区、主干路等，只要气候适应，都布置大面积的应时草花，特别是"五一"、"七一"、国庆节，都用鲜花装扮凌钢，改善职工生产、生活环境，提升企业形象，增强了企业的凝聚力。

凌钢的绿化美化工作，在全体职工的共同努力下，初步实现了天蓝、地绿、水清、空气洁净，人与自然的关系进一步和谐，职工的人身价值得到提高，花园式工厂的雏形已经显现。

宝钢集团建设生态型园林工厂巡礼

经过 30 多年的建设发展，宝钢不仅成为中国现代化程度最高、最具竞争力的钢铁联合企业，而且成为 "花园工厂"，成为中国第一个工业旅游示范点。

上海，宝山钢铁股份有限公司

宝山钢铁股份有限公司（简称宝钢）在建设之初，在国内率先实施绿化建设与基建工程建设同步，做到建设一片，绿化一片；绿化一片，验收一片。宝钢大规模的绿化种植始于 1985 年春，根据生产工艺特点设计建造了 7 条护厂林带。厂区内 13 条主干道两侧栽种大量的乔木、灌木、花草。宝钢一、二期绿化工程结束后，厂区绿化面积达到 443.07 万 m^2，绿化覆盖率 32.38%、人均绿化面积 295m^2。1993 ~ 1995 年，宝钢对一、二期绿化工程实施更新改造，厂区内外绿化总面积扩至 514.88 万 m^2，绿化覆盖率 33.14%。1995 年，宝钢三期绿化工程陆续开工，344 万 m^2 的绿化工程始终紧随主体工程建设进度，并做到一次成型一步到位，先后开辟了桔园、梅园、桃园、桂花园、葡萄园、蔷薇园和百果园，生态建设得到了进一步延伸和发展。到 1998 年末，厂区绿化面积达 677 万 m^2，绿化率达 39.12%，初步形成生态园林环境。1999 ~ 2000 年，宝钢对前几年的绿化改造工程进行调整完善。2001 ~ 2007 年，由于提高了复层次绿化率，宝钢的绿容量也有了较大的提高。

宝钢化工梅山分公司一角

宝钢还以生态植物群落为绿化定向目标，建设了抗逆型、观赏型、保健型、生产型和人文型植物群落。同时，在厂区建造 5 条长 18.6km 的环厂林带，阻隔了外界环境的干扰；在易污染区和其他生产区建造了 2 条阻隔林带，防止污染源对外扩散。

宝钢还十分注重地被植物绿化。根据各区域的环境特点选择不同的地被植物，使各类绿色人工群落的空间层次自然多姿、富有变化，创造出绿草盈盈、生意盎然的优美环境。

新疆，宝钢集团新疆八一钢铁有限公司

十几年来，八钢人以顽强的毅力，美化着自己的家园。建起了长 5km、面积达 4000 多亩的防风林带，有效阻止了春秋两季大风对八钢的侵袭。八钢历届领导对绿化美化都舍得投入，每年的绿化投入都在数千万元以上，2011 年的绿化投入更是达到创纪录的 6357 万元，完成 30 个绿化项目，厂区、荒山、生活区绿化植树 44.26 万株，新增绿化面积 65 万 m^2，多年来树木成活率始终保持在 98% 以上。

目前，八钢厂区绿化面积达到 371 万 m^2，生活区绿化面积达到 145 万 m^2。2010 年，八钢通过了自治区 "花园式单位" 验收，荣获 "全国绿化先进单位" 荣誉称号。

浙江，宁波钢铁有限公司

宁波钢铁有限公司（简称宁波钢铁）始终坚持绿化建设主体工程同时设计、同时施工、同时投入的原则，共建设绿化面积 67

绿色钢铁

万 m^2、种植植物 90 余种，绿地率达到 58.7%。

进入宝钢集团后，宁波钢铁启动了厂区绿化提升改善工程，建设绿色景观带。2009～2011 年对厂区老化的高羊茅草坪和部分裸露区域进行改造和绿化种植；2012 年完成"绿荫大道、景观大道"要求，对中心大道、炼钢北路、厂前东路、轧钢北路等主干道进行提升改造。

如今，宁波钢铁的绿化面积已达 48 万 m^2，真正做到了长年常绿、四季有花。

○ 江苏，上海梅山钢铁股份有限公司

经过几代钢铁人的努力，上海梅山钢铁股份有限公司（简称梅山钢铁）整个厂区绿化面积已达 185 万 m^2，绿化覆盖率达 36.24%，成为了一个名副其实的绿色钢城。

2012 年梅山钢铁启动了绿色梅钢建设三年行动方案。行动方案以 2014 年南京青奥会召开倒排节点，分三阶段推进。项目总计 184 个，计划总投资约 15.5 亿元。按照"一脉、一环、五区、多点、网络结构"的总布局，拆旧新建 4000 m^2 绿地，建成了 22 号路、23 号路、24 号路等道路景观。

投资 400 万元，建成占地面积 22 万 m^2 生态林带，引进攀援植物品种，栽植长度达 4000 余 m。还投资 1600 万元对尾矿库复垦生态环境工程进行改造。

如今，走进梅钢厂区，展现在人们面前的是曲径通幽的园林道路和由 3.6 万株苗木织成的无边的绿海……

○ 广东，宝钢集团广东韶关钢铁有限公司

宝钢集团广东韶关钢铁有限公司（简称韶关钢铁）占地 9.8 km^2。经过多年努力，绿化面积达 3.7 km^2，绿化覆盖率达到 37.8%。

韶关钢铁以"建设生态型钢企"为目标，着重抓好园林景点建设，形成了玉兰园、阴香园、榕树园、香樟园、乔灌花草合理搭配，特色各不相同的绿化景观。目前，韶关钢铁的绿化品种达 150 多种，绿化面积、绿化覆盖率、绿地率均超过国家对工矿企业的绿化指标要求。让人分不清，是钢厂中的花园还是花园中的钢厂！

（张文良 曹爱红 金荣 张鑫 撰文）

宝钢股份厂区银杏林

宝钢股份厂区"鹿园"

"花园工厂"——宝钢股份

宝钢股份炼铁区域姹紫嫣红

宝钢特钢有限公司绿化工作小结

宝钢特钢有限公司（简称宝钢特钢）积极贯彻"全面规划、合理布局、拆旧建绿、美化厂区"的绿化工作方针，坚持走环境整治与生产发展同步的可持续发展道路。截至目前已累计建设绿地面积 75.2725 万 m^2，绿地率增加到 30.32%，厂区绿化建设已初步达到"国家环境友好企业"绿化要求。

宝钢特钢绿化工作主要有以下几个方面：

一、注重项目，拆旧建绿

新建项目，配套绿地。近年来，公司投资 1172 万元，相继在新厂房周边建成了 8 块总面积有 8 万 m^2 的附属绿地。

区域划分，新建绿化。公司投资 207 万元，相继建成生产指挥中心停车场周边绿化项目、西南地块二期停车场附属绿地项目、生产生活区隔离绿化项目等。新建成的绿地面积 5 万 m^2。

绿化整治，改善环境。公司开展了钛合金高温合金板带坯项目冷轧辊项目绿化工程等 7 项绿化恢复及一次冷轧部分临时设施区域拆除后进行了绿化等绿化整治项目。

二、领导重视，强化管理

制度保障，规范管理。公司制定了《绿化管理办法》、《厂容绿化绩效考评管理细则》等相关管理标准，将企业的绿化管理工作纳入标准化管理的轨道。

领导挂帅，义务植树。每年"植树节"，公司党政领导都率领各二级厂部广大干部、员工义务植树几千余株。

党员带头，落实养护。从 2010 年起，公司生产单位的每个党支部都各自承包了自己生产管辖区域里的一小块绿地进行亲自养护。

自发栽种，美化环境。公司钢管厂的职工家属和领导们还首次创建了友谊树栽种仪式。

专业管理，加强养护。公司还聘请绿化公司进行绿化养护管理，进一步提高了绿化成活率及苗木保存率。

监督检查，整改完善。为了将绿化管理落到实处，公司绿化专业管理人员定期赴现场对绿化养护情况进行巡视检查，对查出的问题督促整改、完善。同时，通过实行"分块承包、责任到人"的管理模式，大大提高了绿化专业队伍工作的积极性和主动性。

三、持续绿化，花园工厂

公司给水分厂、特材厂锻造区域、条钢厂沪昌区域顺利通过"上海市花园单位复审工作"。

位置独特，绿意盎然。给水分厂区域位于长江与黄浦江交汇处，地理位置独特。其占地总面积近 3.5 万 m^2，绿化面积 1.48 万 m^2，绿地面积占用地面积的 42.17%，绿化覆盖率 43.19%，已绿化面积占可绿化面积的 100%。

因地制宜，园林效果。特材厂锻造区域总占地面积近 5 万 m^2，绿化面积 1.18 万 m^2，绿化地面积占用地总面积 26.84%，绿化覆盖率 26.26%，已绿化面积占可绿化面积 100%。

环境优化，错落有致。条钢厂沪昌区域绿化面积 6.9 万 m^2，绿地面积占用地总面积 29.72%，绿化覆盖率 32.17%，已绿化面积占可绿化面积 100%。

四、面貌改善，广受赞誉

近年来，公司实施了大规模拆旧建绿、合理规划，科学地组织、清整不合理及闲置的建筑物、构筑物，见空插绿，充分合理的利用有效空间，系统进行多层次立体绿化，最大限度发挥可绿化空间的实效性，尽可能提高复层次绿化的比例。在此基础上，事业部还进行了技术革新，规划了一系列新技术工艺的厂房。

青海省省长来特钢参观学习，看到了特钢厂区崭新的环境面貌，连连称赞特钢领导厂容绿化环境工作落到了实处。

不锈钢厂型材区域

停车厂绿地区域

五钢桥堍（东）

条钢厂区域

宝钢集团新疆八一钢铁有限公司（简称八钢）于2011年初，拉开了厂区环境治理和全面绿化的大幕。目前，厂区的环境治理和绿化工作已取得了阶段性的成果，员工的工作环境得到了有效改善。绿树成荫的焦化山，绿草茵茵的斜坡，鲜花、绿海衬映下的整齐划一的厂房，一组组绿色植物组成的Ｖ形山丘静静地点缀在厂区八钢大道的两侧。

一、提升理念，对工业厂区绿化认识有新高度

八钢加强厂区环境治理力度和加快绿化进度，不仅彻底改变厂区环境面貌，而且为全市创建国家园林城市贡献了力量。基于此，八钢把绿色家园建设当作生态工程、民心工程、德政工程、希望工程来抓，把绿化纳入企业整体规划，坚持与养护、建设、管理同步安排、同步实施，努力把八钢打造成西部低碳、环保的钢铁绿色家园。

二、领导重视，健全机构，部门协作，责任到人

自2011年以来，八钢董事长和总经理经常参与审查讨论厂区环境治理和绿化工作的规划方案，亲临现场了解施工情况，检查指导工作；成立环境治理工作领导小组、绿化委员会、厂容管理办公室，分工明确，狠抓环境治理和绿化工作的具体落实，定期召开环境治理、绿化工作例会。

三、注重规划，合理调整厂区布局，突出特色有新品位

本着"地域性、生态性、景观性相协调和效益优先"的原则，八钢利用三维总图系统，对总体规划中的各区域进行绿化美化比对，确立树立"生态补偿"观念，科学规划，因地制宜，突出优势，创造特色，合理布局，全方位开发，实现乔、灌、花、草合理布局，带、网、片、点相互配套、层次分明、内容丰富、景随路移、环境优美、风格各异的工业厂区绿化格局。

四、广泛发动，精心组织施工，构建"低碳、环保的钢铁绿色家园"

（1）拆除部分建筑物，清理空间，用于绿化景观布置。八钢先后拆除了一座20 ㎡烧结机和一座380 ㎥高炉，将厂区零碎建筑及分散办公区域进行集中，对厂区60多处建筑物进行了拆除。截至2012年底，腾出空地超过20万㎡，并进行了绿化和景观布置。

（2）改造道路，对道路周边区域进行快速绿化。对八钢厂区水泥地面处理后，铺设沥青路面，并对道路附属设施进行改造。道路两边，适度种植野花组合，已初见成效。

（3）因地制宜，堆积假山，对全厂围墙区域进行绿化美化。在绿化治理中，尽量少动土方以减少基础性投资，因地制宜随坡加以平整进行绿化，达到"虽由人作，宛若天成"的绿化效果。

（4）斜坡绿化治理——探索地域风格，打造具有八钢特色的绿色屏障。经过努力，呈现在人们眼前的是独具匠心的弧形网格与

菱形网格的相互映衬，高低起伏的假山配以林间小道，将钢厂的产品与绿化紧密地揉合在一起，给昔日的老厂增添了一份新的气息。

（5）合理选择树种，提高植物物种多样性。八钢结合新疆本地植物，选择经济适用、生长快、易于形成植物景观、不释放有害气体、较少虫害、易于维护的较大植物，疏密适当，高低错落，形成一定的层次感。利用原有场地及土壤状况，运用植物孤植、丛植、群植等自然种植方式，以常绿树种作为"背景"，不同花色灌木搭配，适当垂直绿化，组成不同的景观空间。

（6）加强组织领导，全面落实部门绿化责任状，努力提高义务植树尽责率。八钢公司绿化工作按照与新疆维吾尔自治区签订的《新疆维吾尔自治区部门绿化责任状》的要求，统一部署，狠抓落实，周密组织、精心安排每年的春秋两季分别在东山防风林、生产厂区、生活区和滨河公园进行义务植树。近年来，八钢共种植各类树木213.47万株，参加义务植树的人数达53.45万人次，义务植树尽责率年平均达120%以上。形成了11133亩的义务植树荒山绿化防风林带，17万 m^2 的钢城文化广场，54万 m^2 的休闲滨河公园和正在回填修建的百亩原垃圾山钢渣山绿色防风林带。

五、精细化管理，建管并重

（1）精细化管理，使养护上水平。八钢始终坚持绿化工作的统一规划、高标准建设、精细化管理，使辖区内绿一处、管一处，管一处、美一处。

（2）群防群治，不留死角。八钢从加强防控知识宣传入手，生物防治全覆盖，病虫害监控不留死角，形成了绿委会、专业绿化队、环卫监察队等病虫害防控监控体系。

（3）加大舆论宣传，增强入厂人员及车辆爱绿护绿、保护环境治理成果意识。2012年10月开始，八钢成立四家单位组成联合检查组，进行24h集中检查整治，对违章问题从严、从重、从快处罚处理。

截至2012年，八钢公司已经通过市绿化委验收了31个绿化合格单位和26个花园式单位，16个自治区级精神文明单位均是花园式单位。八钢厂区绿化面积已经达到838万 m^2、绿化覆盖率43.9%，生活区绿化面积359万 m^2、绿化覆盖率52%。

作为一家有着61年历史的老国有企业，将进一步细化工作任务，量化工作目标，硬化工作措施，集合各方资源，整合执法、作业队伍，加强监管、作业，切实把八钢厂区环境治理和绿化工作推上新阶段，努力把绿色生活理念转化为厂区自觉的增绿、爱绿、护绿的生活行为，为新疆的绿化事业和全面建设小康社会做出更大的贡献！

转型创新发展 打造绿色画廊
——南京钢铁联合有限公司绿化工作集锦

南京钢铁联合有限公司（简称南钢）在其"十二五"转型发展规划中提出，要坚定不移的将南钢建成"绿地、蓝天、净水"的现代化工业企业。

为实现公司董事长向市委市政府承诺的：南钢生产区的空气质量要优于市中心的空气质量，厂区环境面貌要成为南京市工业企业的一张名片的目标。

南钢成立景观提升项目工作领导小组，党委书记任组长，成员均为各主要部门的一把手，项目投资总额超过2.2亿元。

南钢将"转型创新发展，打造绿色画廊"作为绿色转型的发展目标，通过环境综合整治，全面建设生态型园林企业，使厂区绿化率超过35%，从而走出一条都市周边型钢铁企业实现转型创新、绿色发展的新路子。

一、南钢绿化投入历史之最

近年来，伴随南钢厂区大规模改扩建，绿化建设资金累计达到了5000余万元，陆续完成了炼铁新厂、中厚板卷厂、原料厂等大型绿化建设任务。新建绿化面积超过80万 m^2。同时，还组织力量对公司老厂区及公共道路区域的绿化进行改造提升，累计改造绿化面积近20万 m^2。

绿化因地制宜，在垂直绿化上南钢也做足了功课，中厚板卷厂近2万 m^2 的山体护石坡上栽种了不同品种的攀援植物，现已形成一道独特的风景。各二级单位对各自管辖区域内的绿化进行了不同程度的改造提升，面积超过了5万 m^2。

二、绿化工程精品化

近年来，南钢投资500余万元的公司办公大楼区域景观工程按照主题广场和休闲广场相结合的形式打造，广场内雕塑、喷泉、长廊、花草相映成趣。

中厚板卷厂、理化中心和炼铁新厂等办公区域直接种植了大规格的银杏、朴树、香樟等名贵景观树，配合彩叶灌木，营造出自然山地景观。

中厚板卷厂采用人工拉绳及在坡面上砌花池的方法进行垂直绿化，1万 m^2 的山坡植被在生长季节绿意盎然，成为南钢一道独特的风景。

炼铁新厂因地制宜搞绿化。如在有毒有害气体较为密集的化产区域，尽量种植夹竹桃、高杆女贞、麦冬等抗污染、吸收有害气体的品种；在土壤条件较好的烧结区域重点栽植紫叶李、红枫、银杏、棕榈等景观树种；将主要参观通道高炉至办公楼沿线草坪调整为四季常绿的高羊茅草坪。

炼铁新厂一、二期绿化工程竣工后，2008年又投入180万元，打造出大片的梅园和桃园，形成各种特色园区。园区四周种植雪松等一批景观树种，打造出了滨江路景观带。2009年又投入100余万元进行了焦化化产区域绿化提升改造工程；投入20万元进行4号路烧结段绿化提升工程。2010年投入30万元进行了2号路景观带提升改造工程。2011年投入65万元进行了焦化区域绿化提升改造工程。2012 年投入 80 万元进行了干煤棚区域绿化提升改造工程。

三、绿化养护——精细管理

南钢绿地的养护面积超过 150 万 m²，其中公共区域绿地面积超100 万 m²，每年的绿化养护资金约 500 万元。南钢建立了统一管理的绿化养护管理机构，实行绿化养护工作责任制。同时，建立健全了考核制度，强化职责，明确权利，落实责任制，保证了绿化养护质量，确保现场苗木 100% 的成活率。

四、绿化环境——建造钢铁花园

南钢以厂区周边的石头河、长江，以及南钢主干道为骨架，建设沿河、沿江、沿路的绿色廊道，结合道路系统规划和河道水系的整治进行布局，形成纵横交织、分布均匀的绿化网络。沿河、沿江廊道的绿化带以混交密林的方式设置，以乔木为主，混交一些灌木。在构景上主要是以林冠的全貌，尤其是立体轮廓和大面积色彩景观来形成特色。交通廊道的道路按高标准建设，理顺路边架空管线，规范沿路建筑物外部装饰，道路两侧建宽 10~50m 的绿色纽带使厂区绿化形成

乔、灌、花、草相搭配，"圈、点、线、面"相结合的"绿网"格局。

南钢厂区东南两侧临水，将形成带状的滨水空间，植物种植以复层群落为主，形成带状林带，从而有效地发挥滞尘、降污、减噪的功能，形成生态隔离带。

整治石头河有助于提升厂区的整体景观品质，形成厂区内外的生态隔离带，有效地阻滞厂内粉尘，降低钢厂对外围环境的影响。

利用厂区现有炼铁厂和原料场之间的大水池，结合南钢水循环系统改造，把大水池作为南钢引自长江的原水池和雨水收集利用池，既起到了原水供应和雨水利用的功能，又可在湖的周边建设职工休闲场所和沿湖林带，形成南钢的水系湖景生态园。在厂区西面厂界周围，结合现有的丘陵林地，建设 50~100m 的防护林带，并在局部地区建设花卉园林，利用坡地、树林、花卉园林等元素构成的自然景观，既形成南钢的"绿色氧吧"、"钢铁花园"，又起到对居民区的防护作用。

五、子公司绿化谱新篇

安徽金安矿业有限公司（简称金安矿业）是南钢的全资子公司。

金安矿业始终将建设"绿色矿山"放在首要位置，经过多年努力先后荣获"国家 AAA 级旅游景区"、"安徽省百强企业"、"安徽省民营企业十强"、"安徽省环境保护创新试点单位"，六安市"清洁生产单位"等称号。其具体做法是：在工业场地设置绿化林带；在生产区种植具有滞尘、减噪功能的树种；在车间厂房周围种植大叶常青树种；道路绿化注重美化，使其形成林荫道；在空闲地段采取铺草坪和种植乔、灌木等增加绿化覆盖率，绿化面积占可绿化面积 80% 以上；在土地复垦上，通过对可能的塌陷区复垦为耕地，提高了土地的使用效率，实现了土地资源的可持续利用。

宿迁南钢金鑫公司非常重视厂区绿化工作，投入绿化建设资金约 300 多万元，绿化面积约 3.3 万 m²，用一年时间基本完成了全厂的绿化提升工作。其中，完成草坪铺设 3 万 m²，种植各类苗木 1 万余株。厂区绿化工作基本完成后，每年投入 30 余万元用于草坪、苗木维护。

放眼未来，南钢将以"铸就长青基业，打造百年南钢"为不懈追求，向着"建设管理先进、环境优美，国内一流、国际知名的现代化钢铁企业"目标阔步前进。

（潘永武 撰稿）

杭州钢铁集团公司绿化工作成就斐然

杭钢办公楼

近年来，杭州钢铁集团公司（简称杭钢）围绕打造绿色杭钢、创建环境友好型企业这一目标，把环境保护作为企业发展的生命线，大力营造优美宜人的生产、生活环境，环境绿化工作取得了显著成绩。先后被授予："全国绿化模范单位"、"全国部门造林绿化400佳单位"、"全国冶金绿化先进单位"、"浙江省生态环境教育示范基地"、"杭州市绿化模范单位"、"杭州市环境教育基地"、"全国绿化先进集体"等荣誉称号。

一、领导重视，组织措施有力

杭钢专门成立了公司环境绿化委员会，由总经理、分管副总经理分别担任委员会正、副主任，下设绿化委员会办公室，并成立杭钢园林绿化公司，承担公司钢铁主业范围内的绿化工程和绿化养护工作。公司每年定期召开专门会议，制定工作总体规划和具体目标，明确各下属单位的绿化任务，落实绿化经费，责任落实到人，并实行严格的检查考核。确保了绿化工作的顺利开展。杭钢土地面积不足 350 万 m²，现有绿化面积 111 万 m²，绿地率为 32.71%，绿化覆盖率为 35.11%。现在的杭钢环境优美，乔木葱郁挺拔，花灌木季相分明，常绿草绿茵如毯，是一个名副其实的花园式钢厂。

二、开展环境综合整治，打造精品绿化景观，坚持高标准提升、改造一批原有绿化

自2000年开始，杭钢按照"一年初步改变面貌，两年基本改变面貌，三年彻底改变面貌"的环境整治目标，提出"大街小巷一个样，厂房内外一个样，治标治本一个样"的整治标准，坚持拆违、扩绿、护绿三管齐下。经过三年的工作，累计搬迁厂区临时住户2053户，拆除建（构）筑物 17.24 万 m²，扩绿 28.5 万 m²，投资费用近 1 亿元。科学规划，分步实施，使生产现场的环境面貌显著改善。2004 年，杭钢又投入 3000 多万元，对员工生活区进行改造，调整绿地 8 万 m²。

2005 年至今，公司根据实际现状，每年投资建设一批补充现有绿化的工程。同时，加大在养护上的力度，把工作着力点放在绿化精细化管理上，把重点放在提高绿化环保和生态水平上。推动了绿化管理水平和养护等级再上一个新台阶。在绿化设计时充分考虑建设和养护的经济性，降低建设和管护成本；在绿化施工方面，严格执行有关规范，严格把关场地清理深度、土方回填质量、苗木选择标准、栽植保护措施等环节，公司绿化管理部门对工程质量进行全程跟踪服务和督查，确保施工质量。此外，公司每年以植树节为契机，大力开展春季绿化义务植树活动，取得了良好效果。每年植树节期间公司均通过招投标统一采购一大批苗木，根据各单位绿化实际状况，对全公司范围的绿地进行补缺、增种，这些举措有效地提高了公司的绿地品质，更体现了杭钢周边环境的根本性改善。

三、制度先行，强化绿化养护的长效管理

为深入落实绿化管理工作，杭钢先后修订了《杭钢绿化管理条例》、《杭钢各等级绿地的质量评分标准》、《二级单位绿地委托养护的费用标准和管理办法》、《加强绿化工程管理的若干规定》、《杭钢厂容管理办法》等制度，在体制上保障和巩固了绿化成果。近年来，杭钢始终把绿化养护这项中心工作摆在重要位置，按照绿化创精品，养护上档次的工作要求，对全厂绿化进行逐步

绿色钢铁

董事长李世中（左）、总经理汤民强（右）
在植树现场

改造提升。如今全厂处处绿树成荫，繁花似锦。如电炉公司、焦化厂等已逐步营造成不同风格的生态森林工厂，复式绿化结构渐成气候，乔、灌、草搭配相得益彰，不仅从视觉上给人以绿的享受，更在一定基础上优化了厂区的大气环境质量；高线公司绿化积极向"精细养护、优化结构"两方面发展，常绿草绿茵如毯，三叶草花叶并茂，乔木葱郁挺拔，花灌木季相分明，不仅从视觉、嗅觉上给人以绿色、花香的享受，更给来集团公司莅临指导交流和国道上来往的客人留下"绿色杭钢"的美好形象。

四、积极展示企业良好形象，宣传杭钢生态环境理念

2002年12月，杭钢隆重推出"绿色杭钢工业游"，相继开辟了"杭钢广场"、"紫金园"、"丹心坪"、"钢城问鼎"、"创业亭"、"天祥大道"、"马岭观鹭"、"越园"、"创业先锋"等景点，参观游览人数每年达近万人次，成为展示绿色杭钢、科技杭钢、文化杭钢的重要窗口。中央电视台、省市有关电视台曾多次作了专题报道，取得了良好的经济效益和社会效益，赢得了社会各界的广泛赞誉。公司每年征订《中国环境报》、《冶金绿化报》，分发至各二级单位，及时推广兄弟单位的绿化管理和养护经验；充分利用报刊、网络、公益广告及标语、黑板报等各种媒体，开展植树绿化和保护生态环境及相关知识的宣传教育，全员护绿爱绿意识、生态环境保护意识明显增强。公司还通过开辟《杭钢报》绿化专题版面，以及省市电视台拍摄杭钢专题片，宣传杭钢环境保护的新成就，改变了杭州市民对钢铁企业的老观念。一分耕耘一分成就，杭钢这个花园式的工厂，正以其日新月异的面貌向世人展示着她独特的魅力。

杭钢广场

紫金园

马岭观鹭

科学规划　多措并举
推动马钢厂容绿化美化工作健康发展

近年来，马钢围绕打造绿色马钢，坚持厂容绿化与现代化建设相结合，坚持绿化种植与绿化养护相结合，逐步形成了"春有花、夏有荫、秋有景、冬有青"的绿化美化总体格局。目前，马钢总占地面积 3508 万 m^2，其中绿地面积达到 1554 万 m^2，绿地率、可绿化率为 44.3%、98%。先后荣获"全国部门造林绿化 400 佳"、"全国绿化先进集体"、"全国绿化模范单位"、"全国冶金绿化先进单位"、"安徽省绿化模范单位"等称号。

一、加强组织领导，夯实厂容绿化工作基础保障

一是组织机构到位。建立了从公司、厂到分厂（车间）三级组织管理网络。公司成立了由主要领导任主任、相关部门负责人为成员的厂容绿化管理委员会。委员会下设办公室，配备专职管理人员。相应组织，配备专兼职人员。

二是工作部署到位。坚持每年把厂容绿化工作纳入年度工作计划统一部署，召开专门会议，专题研究部署工作，明确任务，落实责任。

三是人力资源到位。马钢确立了力生有限责任公司等五家绿化专业队伍，具备绿化施工二级、三级资质或园林绿化设计三级资质，从事绿化建设和养护管理工作的专业人员达 1000 多人。同时，五家公司还建立了 4 个绿化苗圃基地，总面积达 691 亩，育有各类乔灌木 20 多万株。

四是资金投入到位。多年来，马钢始终保证对绿化建设管理的投入。2004～2011 年，马钢厂容绿化建设投入资金近 1.5 亿元。

二、抓好科学规划，引领厂容绿化工作有效有序开展

一是科学确立指导原则。马钢提出了"生态、经济、美观"三者兼顾的绿化指导原则。

二是严谨制定整体规划。马钢聘请相关资质单位，对厂容绿化规划从可行性论证、总体规划、专项规划到作业设计进行全方位论证，制定了马钢"十二五"绿化项目实施计划。

三是全力推进规划实施。坚持"总体规划、分步实施"的原则，以年度计划目标的实现支撑规划目标的实现。

三、坚持多措并举，提高厂容绿化工作实际效果

一是抓工程建绿。马钢坚持厂容绿化与结构调整项目同步规划、同步实施、同步验收，为厂容环境增添新绿。近两年来，马钢完成了技改项目新区整体绿化工程、煤焦化苯加氢、电炉厂、四钢轧总厂改造、电厂一炉一机等配套绿化建设项目，仅新区一次性新建绿地就达 100 余万 m^2。

二是抓整治添绿。近几年来，马钢投入资金 3 亿多元先后对三厂区、一厂区进行了集中整治，共建设改造绿地近 100 万 m^2，新植乔灌木 130 多万株，铺种草坪 20 万 m^2，形成了道路整洁规范、绿化生态优美的厂区和谐环境。

三是抓复垦还绿。多年来，马钢按照"占一片荒山、还一片林海、创一份效益"的思路，持续开展矿山复垦绿化活动，矿区的地质、生态环境得到明显改善。如，马钢南山矿业公司，通过实行林业、建筑、养殖三大复垦技术，土地复垦率已达 81.6%，被环保部授予"国家级生态复垦示范区"。

四是抓植树造绿。马钢公司党政领导除每年带领万名职工参加植树活动外，每年还安排专项费用近 50 万元，尽责率远超过规定指标。

四、加大厂容绿化监管力度，巩固发展厂容绿化工作成果

一是健全制度。马钢制定了《马钢绿化养护管理考核暂行办法》、《工程占用绿地申报审批制度》等规章制度；下发《关于加强绿化管理做好植物病虫害防治工作的通知》等文件，使绿化养护工作形成了较为完善的长效管理机制。

二是落实责任。建立健全了绿化管理领导负责制、部门管理负责制，将绿化养护责任层层落实到部门、单位和个人。

三是严格考核。把厂容绿化工作纳入各单位经济责任制考核，并作为公司文明单位等先进集体评比的重要依据。2009 年底，马钢又重新组建了厂容监察大队，对厂容绿化工作实行现场督查和跟踪管理、处罚，覆盖率达 100%。

五、注重宣传引导，营造厂容绿化工作良好氛围

一是媒体宣传。通过报纸、电视、网站等媒介广泛宣传，提高全体员工绿化和生态意识，形成"爱绿、护绿、造绿、养绿"的良好风尚。

二是表彰典型。坚持每两年举办一次评比表彰和工作经验交流会，形成"比、学、赶、超"的氛围，促进厂容绿化工作整体上台阶。

三是开展活动。开展了爱国卫生运动和环境整治活动、编印发放园林绿化小手册、开展绿化造林等法律法规和园林绿化知识讲座等宣传教育活动。马钢连续 21 年积极参加马鞍山市的金秋花展活动。

按照科学发展观的要求，适应企业快速发展的需要，马钢的厂容绿化还有大量工作要做，仍需进一步加快推动"绿色马钢"的建设步伐，为构建环境友好型企业作出新的贡献！

绿满钢城　诗意栖居
—— 福建省三钢（集团）有限责任公司绿化工作纪实

近年来，福建省三钢（集团）有限责任公司（简称三钢）坚持走"大型化、现代化、绿色化"新三钢的发展之路，绿化工作取得丰硕的成果。自1998年以来，三钢先后获得了"省级绿化先进单位"、"区绿化示范单位"、"市区绿化示范单位"、"创建园林城先进单位"、"市绿化先进单位"、"全省绿化先进单位"、"省级花园式单位"、"全国冶金绿化先进单位"、"全国绿化模范单位"等称号。目前，三钢已绿化面积94.66万 m²，绿化率100%，绿化覆盖率31.66%，人均占有绿地面积10.88 m²。

一、以"精品工程"为主线，做好"三同步"工作，厂区绿化取得可喜的成绩

三钢始终坚持绿化与基建同时设计、同时施工、同时竣工验收的"三同步"原则，确保项目竣工投产，绿化成型。自1998年以来，在一高线厂、棒材厂、二高线厂等项目中，投入资金1400多万元进行园林建设，建成绿地面积达10万 m²，种植树木2万多株，确保了可绿化率95%以上。2012年初，随着北区新高炉配套项目整体的投产，根据绿化配套规划，实现新区绿化的全覆盖。共建设绿地2.6万 m²，为"生态三钢"建设进程书写下了浓墨重彩的一笔。

二、以"拆墙透绿、拆房建绿、垦荒植绿"为工作中心，努力创造一流人居环境

近年来，三钢对居住区内各类破旧危房（红砖楼）、废弃不用的厂房以及区域内的小围墙等建筑物予以拆除，对区域内的小荒山进行整治绿化，努力创造一流的人居环境。

2000年，在电视塔周边铺植嵌草砖超过2100 m²，建鹅卵石园路约300m。

2001年，对山头公园"悦华园"进行"拆墙透绿"改造，建游廊、设花架，改善了周边环境。同年，又投入300多万元，建设"悦中园"、"悦兴园"两个公园。

2002年，三钢投入100多万元，建成了占地面积10321 m²，其中绿地面积3800 m²、集运动、休闲、健身、观赏为一体的悦和公园。

2005年，随着加工厂过渡房住户的相继入住，三钢领导决定在过渡房旁一片荒地上开荒植绿，建成"悦盛园"供职工休闲娱乐。这些公园景点与厂区大环境相互交织，成为展示绿色、生态三钢的一道亮丽的风景线。

三、以精细管理为突破口，巩固绿化成果，推进绿化养护管理取得新成效

为了保证绿地园林植物的正常生长，三钢加强绿地的养护管理，有计划地实施浇水、修剪、病虫害防治，从上到下建立起一整套的管理制度。具体为：

（1）绩效考核与效益工资挂钩。（2）集中作业与分片包干相结合。（3）科学防治草坪杂草及植物病虫害。

此外，三钢严格控制为施工方便乱伐树木的行为。几年来，共累计移植树木达 1000 多株，灌木十几万株。在三钢，如果有大树在规划红线之内，能变更设计为树让道的就必须让道，从这一个侧面足以体现三钢人爱绿护绿的情结。

完善的基础设施建设，优美整洁的环境，让钢城这颗璀璨明珠大放异彩。三钢人相信，通过全厂上下持续不断的共同努力，展现在人们眼前的，必将是一个天蓝、地绿、水清、气净的绿色钢城，和谐钢城。

要金山银山 更要绿水青山
——新余钢铁集团有限公司绿化工作纪实

新余钢铁集团有限公司（简称新钢集团）在经过 55 年跨越发展、跨入千万吨级钢铁企业行列的同时，绿化工作也取得了喜人的成就，绿化覆盖率达到 35.92%，矿山复垦率达到 69%，为建设花园式园林工厂打下了坚实的基础。

一、摸索探究，科学建绿

建厂初期，为了快速见绿，新钢集团在绿化苗木的选择上出现了一定的偏差，品种单一，多选用一些速生、根系浅、易发生病虫害的树种，如白杨、泡桐、法梧等，给养护管理造成了很大的麻烦。而今在苗木的选择上，在整个植物配置上下足功夫，苗木不求其新奇、名贵、大规格，选用既适宜本地气候又抗粉尘抗污染能力强的品种如樟树、单杆女贞、法国冬青、夹竹桃等。另外，从经济角度考虑主要选用中小规格的苗木。同时，在建植绿地前，根据所栽苗木品种的不同、品种根系的深浅，对绿地更换种植土，确保树木的健壮生长。

二、多管齐下，共建绿色

2008 年，新钢集团与新余市相关部门联系，得到了政府绿化工程资助，免费获取近 4 万棵工程苗木，在集团南大门种植了近 400 亩的防护林带。

2010 年新钢集团党员出资近 50 万元，打造了一块近 3 万 m² 的党员林。

新钢集团焦化厂、烧结厂在没有专业队伍的情况下，靠全体员工的热情，打造管护了近 15 万 m² 的绿地，双双获得了江西省园林化单位称号；新华公司、洋坊车站，新钢医院也委托专业队伍，高起点、高标准打造精品绿地。

2013 年 2 月 16 日（大年初七），集团公司领导打破常规不拜年，带着铲锹去种树。在昔日寸草不生，尘土飞扬的渣山区域，栽下了 200 棵胸径 10cm 的栾树。

在冷轧、热轧两个厂区有两块近 20 万 m² 的预留地，集团决定将其作为临时苗圃地，待三五年后，待建区动工时，小苗已成为

绿色钢铁

商品苗，一举两得。

大树移栽也是新钢集团绿化的一大亮点。迄今为止，已移栽胸径 30cm 以上的樟树、桂花等近 1000 棵，成活成型率达到 95% 以上，为新建绿地的快速成型起到了重要作用。

三、抓住契机，绿中见美

1992 年以来，新钢集团新建及改造了公园南村、公园北村、沁园村、苗圃星城等大型生活区，新建绿地 30 万 m²。2010 年，公园北村生活区评为"江西省园林化小区"。

新钢集团以三次大技改为契机，厂容厂貌也发生了翻天覆地的变化：西大门外花团锦簇，棕榈摇曳， 一派异乡风光。能源管控中心大楼四周，彩带缠绕、大树参天、绿草茵茵，丹桂飘香；冷轧厂内，窗明几净，绿树成荫；宽阔整洁的创佳路两侧迷人的绿化带，让人尤如置身于城市主干道。

四、爱绿护绿，巩固成果

新钢集团通过各种手段打造了一支绿化专业队伍。

一是每年定期举行专业技术培训及岗位技能大赛。不定期的外出参观考察，学习别人先进的管理理念及技术经验，并加以实践；

二是不惜重金购买装备，升降车、喷洒车、商用割草机、绿篱修剪机、割灌机、油锯等一应俱全，提高了工效、保证了养护质量；

三是派专人对绿地实行全天候巡查，发现问题迅速处理；

四是将绿地按功能、按地域分块管理，突出重点、兼顾其他，较好解决了人员缺、绿地广的矛盾，使管理质量与管理区域获得了一个动态平衡；

五是根据不同的季节、不同的区域、不同的树木品种，适时中耕除草、修剪施肥、排涝抗旱、防治病虫，确保了苗木的成活率与保存率；

六是对没有专业力量的二级单位实行上门服务，全程技术支持与监督；

七是加强护绿爱绿的宣传力度，利用集团报、有线电视等，宣讲护绿爱绿的重要性，指派宣传小分队深入居民区、工矿区、学校，强化集团员工及家属爱绿护绿的意识。同时加大绿化执法力度。

为贯彻落实党的十八大精神，加快富裕和谐秀美江西建设，促进城市生态环境的健康发展，改善人居环境，新钢集团将在保持现有的绿化成果的同时，在今后生产经营中更加注重环境建设，在保住金山银山的同时，做到绿水长流、青山永在。

山钢集团打造绿色生态钢铁家园

山东钢铁集团有限公司（简称山钢集团）及所属各单位高度重视生态环境保护，长期坚持绿化美化环境，大力探索发展循环经济、低碳经济，积极培育绿色发展新优势。

◎ 以文化绿　绿染济钢

经过几十年不懈追求，济钢先后高标准建成了 10 万 m² 的厂前区公园、3.5 万 m² 的新村公园、40 万 m² 的鲍山公园、20 万 m² 的新炼钢新厚板景区等精品绿化景点，绿化覆盖率、绿地率、可绿化率分别达到了 40.55%、33.74%、100%，实现了三季有花、四季常绿。先后荣获"全国绿化先进单位"、"全国部门造林绿化 300 佳"、"国家环境友好企业"、"全国绿化模范单位"、"中国钢铁工业清洁生产环境友好企业"荣誉称号。国家林业总局领导称赞济钢为"全国冶金企业绿化的一面旗帜"。

如今的济钢初步实现"三区四线"为骨架，各绿化区绿色廊道相连接，重点区域绿化同基础绿化有机结合，全面提高绿化美化水平，建设生态型园林工厂的总体目标。

◎ 生态莱钢　科学发展

建厂 42 年来，特别是"十五"以来，莱钢不断探索、不断创新、不断提升，竭力谱写"绿化、美化、净化"大文章，先后建设了银山、磨石山、黄羊山、椿椤岭四大生态林，以及道路绿化带、厂区周边带、沿河绿化带、厂区与生活区隔离带四个防护林带。环境绿化实现了由注重单位庭院式绿化向注重厂区生态绿化、由平面绿化向立体复层绿化、由单一绿化向园林精品绿化的转变。组织实施了型钢新区现代钢铁景观风貌、绿色工厂、绿色通道、绿色家园、牟汶河滨水景观走廊、生态防护林 6 大绿化美化专项工程。整体布局形成了以公园、广场、文体设施为基础，道路、河道为骨架，单位庭院绿化为主体的基本框架。

"十五"以来，莱钢加大环境治理和建设力度，累计投资 7 亿元，其中绿化投资 3 亿元，绿化总面积达 500 万 m²，绿化覆盖率达到 40%，绿地率达到 36% 以上，环境绿化与整治在莱钢发展史上掀开了崭新的一页。先后荣获"全国绿化模范单位"、"全国冶金绿化先进单位"、"山东省清洁工厂"、"山东省绿化工作先进单位"、"山东省造林绿化先进单位"等荣誉称号，19 个二级单位被授予"省级花园式单位"，7 个二级单位被授予"市级花园式单位"，8 个职工住宅小区被授予"省级花园式小区"。

◎ 绿梦张钢　圆梦新区

张钢在建设新厂区时，提出了建设"低碳绿色、富有特色、殷实富裕、文明幸福"新张钢的目标。并从 2011 年起，加大环境整治与保护力度，推行现代化现场管理理念。在专门的管理机构、队伍的严格管理下，如今张钢厂区 160 万 m^2 的总面积内，可绿化面积有 40 万 m^2，截至 2012 年底，总体绿化面积已累计达到 36.6 万 m^2。仅 2012 年全年新增绿化面积 8.19 万 m^2，绿化率提高达 22.9%，共种植苗木 60 余种，种植数量 90 余万株。2013 年以来，在绿化三期工程中，增加了垂直绿化项目，进一步体现绿色张钢的立体感官与森林效果。

绿色矿山　金岭铁矿

山钢集团金岭铁矿将绿色矿山理念贯穿于矿产资源开发全过程，实现了资源开发的经济、生态和社会效益的完美统一。十几年来，先后投巨资清运碎石 3000m^3、回填土方 1.6 万 m^2、建设了 1.8 万 m^2 的花园，矿区可绿化面积 38 万 m^2，已完成绿化 25.67 万 m^2，绿化率达到 67.3%。先后获得"全国优秀矿山"、"全国五一劳动奖章"、"淄博市花园式矿山"等称号，初步实现了"远看是花园，近看是公园，处处是花园"和"绿化、美化、净化、硬化"——"三园四化"的目标。

绿色，让一个老国企如此美丽
——山钢集团张钢总厂绿化工作实录

绿色，一份最朴素的梦想

如何将一个新厂区建成一个低碳环保工厂、绿色园林工厂？如何让一个老国企走出一条拥有特色、文明广阔的新道路？促使张钢决策层提出将"低碳绿色、富有特色、殷实富裕、文明幸福"作为建设新张钢的全新目标。通过以下措施建设新张钢。

（1）从 2011 年起，张钢以节能减排"五个零"工程为主线，强化管理节能；以电机变频、水泵节能、照明节能和余热利用为重点，深入推进合同能源项目实施，年节能 1.1 万吨标煤；开展"减少气体放散，提高自发电量"攻关活动，全年实现发电 1.83 亿度；加强全过程的污染预防与控制，环保设备同步运行率达到 100%，排放达标率达到 98%；实施厂内固废循环利用，综合利用率达到 100%；在整个企业向现场"整理整改整顿"与环境"绿化美化优化"进军；向企业各角落、全员各岗位展开"发现问题、改造问题、创造全新"的企业环境保卫战。

（2）先后请多家绿化设计公司对厂区整体环境进行规划布局，制定绿化规划，因地制宜，分期规划，绿化、美化与清洁并举，种植与养护管理并重，实现环境建设的持续改进。

（3）慎重选择适合本厂区土质的植物黑松、雪松、大叶女贞、小龙柏、冬青球、北海道黄杨等常绿树种，以及法桐、国槐、木槿、白蜡等落叶树种，常绿树种占绿化的 30% 左右，真正做到了科学管理的绿化方式，并实现了三季有花、四季常绿的绿化效果。

（4）在专业管理上，注重选好最佳种植季节，提高植株成活率。总体绿化工程采取外包和非外包两种方式，将绿化效果提高至最佳状态。

张钢厂区总面积超过 160 万 m²，可绿化面积为 40 万 m²，截至 2012 年底，总体绿化面积累计达到 36.6 万 m²。仅 2012 年全年新增绿化面积 8.19 万 m²，绿化率提高到 22.9%，共种植苗木 60 余种，种植数量 90 余万株，成为建设绿色张钢的最基础也最关键的一年。2013 年，在绿化三期工程中，又增加了诸多垂直绿化项目，进一步增加绿色张钢的立体感官与森林效果。

绿色，一种最阳光的心态

在绿化美化的道路上，张钢充分发挥每一名成员的价值，号召人人都参与到绿化工程中。例如在全员中统一分发饭盒，职工食堂绝不允许出现一个塑料袋。一个小小的饭盒铺展出企业加大环境治理与保护的决心与态度。

合理利用每一点物资，是张钢环境建设的绿色原则。在厂区绿化带内增设安装喷灌装置，有效增加日常养护效率，减少绿化成本。

在加强科技创新、加大扬尘治理工程管理的基础上，增强环卫整治力度，确保厂区道路的整洁有序。例如增设多台清扫车利用工业废水，对厂区各条干道进行喷洒清洁，将扬尘降至最低程度。从 2012 年 10 月起，张钢将厂区环卫工作交由保洁公司承包管理，既提高了工作专业化程度，又提高了工作效率。

如今，经常进出厂区的客户都有这样的评价，"2012 年的张钢，从整洁宽敞有序的厂区道路，到绿色怡人的厂区环境，都让人感受到了一个企业求新求变的决心和文明热情的态度。"

绿色，一份最安全的期待

绿化美化、温馨舒适的环境，不仅是环境建设本身的需要，更是人的情绪、心理与内在精神的需要。因此，环境建设与安全生产存在着重要的内在关联。

2011年下半年起，张钢将为职工创造一个安全、整洁、美丽、舒适的工作环境，当作整治整个企业环境过程中的重要事项来抓。由公司决策层带队，对整个企业进行随时、随处、不定期的追踪检查与整治，排查纠正一切存在的不合理因素，同时以不允许有一片裸露的土地为目标，每个地带都不存在盲区与孤岛，每个角落都要有负责与美感的呈现。

2012年，绿色张钢先后建立健全了《张钢总厂绿化管理规定》和《张钢总厂道路卫生管理规定》，同时对厂区所有绿化区域做出了明确的职责划分，并且建立了相关巡查和考核制度。在企业"绿化法"的严细规定与执行中，绿色的美感与井然的环境得以更持续有效的推进。

绿色、安全、整洁、温馨、优美、舒适的工作环境，让身在其中的每个成员都感受到了企业环境之于内心环境的重要意义。有即将退休的老职工如此评价，"工作几十年了，曾只是以为埋头干好本职工作就足够了，从来没有环顾整个企业环境的意识与责任，也从没有对整个企业与企业环境的如此珍视与留恋。如今，看到一草一木都感受到一份热情向上与充满朝气的精气神，真的觉得舍不得离开这个企业。"新进厂的职工则这样说，"一个新建成不久的爬坡中的钢铁企业，在短暂的两年时间里，绿化美化到这个程度，令我们感动，也让我们看到了这个企业的朝气与希望。"至厂如家的感觉，从绿色的呈现与环境的美感开始；一个充满希望的企业，也是从绿色的梦想与追求中起步。企业人对一个走向崭新的企业的情感与认同，也是从同一片绿中开始的。

对于张钢这个老国企来说，建设美丽企业，是向新向前中的张钢担负的更长远更艰巨的企业责任与使命。在经过了几年的执着努力过后，如今，怡人的绿色，让一个老国企如此美丽，如此阳光。在今后的道路中，张钢在低碳绿色、富有特色、殷实富裕、文明幸福的路途中，将担当起更多社会责任。明天，一个更加美丽阳光绿色的企业，将以更加辽阔宽博的容量与胸襟，拥抱世界，拥抱未来。

（任解慧 撰稿，李 强 摄影）

鲁中矿业有限公司绿化发展纪实

鲁中矿业有限公司（简称鲁中矿业）十分重视矿山环境建设，并采取多种措施不断巩固扩大绿化成果，多次获得省部级"花园式单位"、"绿化先进单位"、"造林绿化先进单位"、"全国冶金绿化先进单位"等荣誉。目前，鲁中矿业的绿地总面积已达 68 万 m^2，人均绿地 57 m^2，可绿化率达 98.8%，植树成活率达 96%，矿业公司建设绿色和生态矿山的蓝图已初具规模。

加强领导，持续投入

多年来，鲁中矿业领导始终把绿化工作作为提高矿山环保质量，建设文明和谐矿山的一项重要工作来抓，纳入公司整体发展战略和发展目标来加以推进，公司设有绿化工作委员会，办公室设在社区管理服务部，配有专职绿化队伍，负责公司绿化的日常管理工作，各二级单位均设有专门的绿化管理部门，形成了一套机构完善、职责明确、体制健全、运行畅通、管理到位的绿化管理体系。鲁中矿业认真执行《中华人民共和国森林法》和《城市绿化条例》，修订完善了《树木花卉管理办法》等规章制度，实施了领导干部任期目标责任制。近几年，随着企业效益的好转，鲁中矿业对绿化的投入，资金累计达 2000 余万元。

统筹规划，逐步实施

为切实搞好绿化美化工作，鲁中矿业对矿区的绿化布局按照高起点、高质量的标准进行了总体规划，提出了"以构建环境友好型园林式矿山为目标，以提高质量和艺术品位为重点，突出特色，积极营造人与自然和谐发展的矿区环境"的绿化工作思路。制定了"以绿为主、绿中求美、美中求精、绿美结合"的工作方针和"科学规划，合理布局，突出重点，注重特色"的工作原则，确立了"每年新建成 2～3 个绿化景点，对 3～5 个老式园区、景点进行改造，逐步提升矿区及生活区绿化美化档次和水平。通过几年的奋斗，鲁中矿业实现了一年"三季有花，四季常青"的绿美目标。

因地制宜，突出特色

近年来，鲁中矿业坚持突出一区一景观、一路一风格、一厂（矿）一特色的绿化特点。具体表现为：一是精选绿化品种，高标准、高质量地完成了"和谐新村"的绿化美化任务。二是治污疏浚，整修河道，使东生活区内的翠河由污水河，变成了两岸垂柳成行、碧水荡漾的休闲、游玩的好去处。三是结合办公楼范围土建改造和道路修建，完成了道路两侧的绿化美化。四是对鲁矿大道、鹏程路进行了绿化美化，建成了一处 3000 m^2 的休闲广场。五是以绿色环保为目的，通过对废弃土地复垦利用等措施，分别对莱新铁矿、选矿厂、小官庄铁矿、机械厂等厂（矿）区进行了绿化升级改造，较好地体现了各自的绿化特色。近几年来，鲁中矿业新栽植各类苗木 280 余万株，种植草坪 1.9 万 m^2，新增绿化面积 2 万 m^2，实现了矿山绿化及生态环境建设的跨越式发展。

精心管理，巩固成果

一是充实管理队伍，增强专业技术力量，调整绿化部门的工作职能，减轻其经营压力。二是落实绿化承包责任制，严格考核，奖优罚劣。在 2009 年，开展了以清理乱圈地、乱种养的绿化环境集中整治行动，彻底解决了一些老大难问题。三是积极订阅《冶金绿化报》扩大阅读范围，利用有线电视、矿报、宣传栏、黑板报等媒体，教育引导广大职工、居民自觉投身爱绿护绿、建设绿色家园的实际行动中来。四是在主要园区、景点、街道安装绿化护栏，设置警示牌，用富于哲理、通俗易懂的人性化语言，提示和告知职工、居民为建设和爱护自己的家园共同尽一份责任和义务。由于管理到位、措施有力，鲁中矿业的绿化基本上实现了以量为主的普遍式绿化向以质为主的园林式绿化的转变，无论是艺术品位、文化内涵，还是生物学特征以及绿化景观效果都有了新的突破。

（李其锋　撰稿）

新世纪武钢绿化科学发展纪实

武钢的绿化工作是伴随着武钢生产建设的发展而发展的，20世纪经历了"六五"期间打基础、"七五"期间大发展、"八五"期间上台阶、"九五"期间创水平4个重要阶段。进入21世纪，武钢以建设"和谐企业"、"绿色企业"为目标，实现了绿化工作新的大跨越。"十五"期间，武钢大规模的"拆违建绿"植树造林活动，使绿化环境面貌焕然一新。"十一五"期间，武钢强化技改"三同时"绿化建设，新增绿地面积35.6万 m²，为武钢跨入国际一流钢铁企业行业树立起了崭新形象。目前，武钢绿化率达到35%，绿化覆盖率达到37.5%。

近年来，武钢多次荣获"武汉市绿化红旗单位"、"湖北省造林绿化先进单位"、"冶金系统绿化先进单位"、"全国绿化先进单位"、"全国绿化300佳"、"全国绿化模范单位"等称号，2012年武钢再次荣获"国土绿化突出贡献单位"国家级奖项。武钢大冶铁矿被国家授予"矿山地质公园"，2012年荣获全国环保领域最高社会性奖项——第七届中华宝钢环境奖。

一、领导重视，机构健全，将绿化工作列入企业生产发展目标

武钢专设领导主管绿化工作，安排专项资金，成立绿化委员会，制定绿化管理办法，将绿化工作纳入创建公司战略发展目标之中，公司党政主要领导每年都组织并参加群众性义务植树活动。

武钢绿化工作机构健全。集团公司安全环保部负责全公司绿化工作规划、计划、考核工作，年投入绿化经费5000万元以上。公司绿化专业化公司集园林规划设计、绿化养护管理、花卉苗木产销、盆景制作加工、花卉租摆装饰以及绿化、道路工程施工于一体，具有园林绿化施工二级资质，拥有高、中、初级工程师41人，拥有园林机械设备240台（套），具有较强的绿化研发能力，绿化科研项目曾获湖北省科技进步二等奖、市科技进步三等奖。公司所属60多个二级单位都配有绿化管理人员。公司建有苗圃两个面积610亩，花卉基地70亩、常年苗木储备量35万株，具备年产高档花卉6万盆、时令盆株30万盆的生产能力。

二、拆违建绿，强化配套，加快建设企业生态环境

新世纪以来，武钢对历史上遗留下来的各类有碍厂容观瞻的建筑进行大规模的拆违建绿。科技广场建设共拆除各类建筑达3万多平方米，与厂前毛主席像花坛和大草坪绿带区域连成一体，成为武钢厂区重要的形象地标。焦化公司毅然拆除了1个车间及1个防降站，开辟绿地1.59万 m²，栽植乔灌花木5.8万株，草坪1.4万 m²，建成了"迎宾广场"。武钢还建成了厂区20km绿化景观线及外围防护林带，北湖地区又建设了防护林带4100m，完成环湖绿化125.9亩。冶金渣公司渣山复垦共栽植50多个种类的乔灌木2.8万株，绿地面积达5.6万 m²，是武钢西北端最大的外围防护林带，成为武钢又一新的绿化亮点。

在大规模技术改造的同时，武钢先后完成了能源总厂CCPP，炼铁总厂6、7、8号高炉；条材总厂CSP、重轨、高速线材；炼

绿色钢铁

钢总厂三炼钢、四炼钢；热轧总厂二分厂、1580 分厂；冷轧总厂二、三冷轧；硅钢总厂二、三硅钢等一大批新建项目绿化，这些项目绿化起点高，提升了武钢整体绿化水平，受到中科院院士参观团的称赞。2008 年，武钢研究院新建的科技大厦和中试工厂配套绿化工程，高标准精细设计、精细施工、精细管理，栽植乔灌木 56 个品种、乔木 4323 株、灌木 1163 株、绿篱 1.6 万延米，草坪 3.37 万 m²，改扩建花房、花圃 1259m²。

三、复垦造林，科学发展，打造生态型森林化新矿山

20 世纪 90 年代以来，武钢成功首创在硬岩废石场上复垦造林。目前，已完成硬岩造林绿化 1.19 万亩，仅大冶铁矿就复垦绿化 5400 多亩，其规模效益堪称亚洲第一。排石场硬岩上栽上的树木已经成林，树干高达七八米，置身于茫茫林海，让人很难想象出昔日这里曾是寸草不长的光秃秃石山。

进入 21 世纪以来，武钢又紧紧抓住建设资源节约型和环境友好型社会机遇，将具有 3000 多年历史、全国重点文物保护单位——铜绿山古矿冶遗址纳入矿业与旅游建设中，形成以大冶铁矿主园区和铜绿山古矿冶遗址区的"一园二区"总体布局先后建成了"大冶铁矿博物馆"、"日出东方广场"、"矿业博览园"等一批工业旅游基础工程，成为全国首批国家矿山公园及全国工业旅游示范点。截至目前，已接待了各级领导、专家学者和国内外游客 8 万人次，形成了经济、社会效益齐头并进的良好态势。

四、以人为本，构建和谐，抓好绿化民心工程

几十年来，武钢投入大量资金用于新老住宅区建设。其中，在白玉山小区修建了拥有配套设施的街心花园；住宅小区 106 街、108 街获得了"全国文明小区"荣誉称号；钢都花园住宅区共栽植各类乔灌花草植物 10 万多株，绿化率达到 30% 以上。同时，修建了面积达 1.7 万 m² 的钢都绿化广场。2009 年，武钢扩建了青山区唯一一家三级甲等医院——武钢总医院。经过两期建设，绿化达到武汉市一流水平，栽植各类植物 2.1 万余株，美国 2 号草坪 2672m²，建成住院部广场等绿化面积共计 1.5 万 m²。同年，在武钢总部办公区域建成的 3 万 m² 超大生态绿化广场，已成为武钢作为国际一流特大型企业的名片。

五、严格管理，体制创新，不断推进武钢绿化事业发展

武钢的绿化养护工作一直实行精细管理，严格考核。2009 年，武钢实行绿化管理由服务型向经营型转换。目前，武钢已有 41 家单位绿化养护管理实行市场化运作。绿化管理体制的创新，必将给武钢绿化工作注入新的活力，极大地推动武钢绿化事业向前发展。

展望未来，武钢绿化工作将继续创新发展，更好地促进节能减排工作和低碳经济发展，为武钢第三次创业发展和加快推进"三个转变"做出更大的贡献，并将企业建设成为"资源节约型、环境友好型"国际一流水平企业。

用心态改变生态
——武钢大冶铁矿复垦绿化 30 年

武钢大冶铁矿，有着 1780 余年的开采史、120 余年的建矿史。如今展现出生态发展、循环经济的美丽画卷，先后被评为全国矿产资源节约与综合利用优秀矿山企业，全国绿化模范单位、国家级绿色矿山试点单位，捧得中国环保领域的最高荣誉——中华宝钢杯环境生态奖。

一、坚持愚公移山的心态修复自然环境

早在 20 世纪 80 年代，大冶铁矿就掀起了"打造绿色矿山行动"的热潮，开启了绵延 30 余年修复生态环境的"绿色征程"。

设点实验。大冶铁矿与国内专业院校合作攻关，制定详细的"硬岩绿化复垦科研计划"，在废石场上划定 50 亩"废石场绿化复垦试验区"，第一批种下的 3000 株刺槐成活率达 75%。

全面推广。大冶铁矿掀起了"万人大会战"，对 1188 亩硬岩废石场分段进行复垦。在专业绿化队伍努力下，树苗成活率提高到 96%，硬岩复垦技术达到国际先进水平，新西兰、美国、加拿大等国专家先后来矿考察交流。

持续推进。大冶铁矿每年投入 200 余万元植树造林，先后在东露天采场北帮和 120、135、105 水平等五个区域复垦 366 万 m^2，形成了亚洲最大硬岩绿化复垦生态林。

二、坚定铁杵成针的心态改造工业环境

大冶铁矿从源头治理，到过程控制，在终端修复，形成完整的工业环境保护体系。

改进生产工艺防治地质灾害。2009 年，大冶铁矿在国内铁矿山中率先试验充填采矿法，废石不出坑，尾砂进坑充填，实现了资源节约、环境友好的"两型矿山"，其经验正在向武钢矿山全面推广。

更新装备减少废水烟尘排放。成套引进具有国际先进水平的自动化选矿设备，建成铁门坎、尖林山、东采和选矿 4 座污水处理

站，实现了废水"零"排放。同时，在选矿工序中增加脱硫工艺，在球团生产中加装 F54 电除尘器电控系统，使矿区Ⅱ级空气质量由 2007 年的 298 天提升到 2012 年的 325 天，优良率由 82% 提高到 89%。

构建环保体系提升管理。设立专职安全环保科室，成立矿、车间、工段三级网络机构。建成水、陆、空三位一体的减排体系。

三、坚守精卫填海的心态治理人居环境

针对现实抓重点。从家属区环境整治入手，相继新建了"九龙绿化广场"、"美丽广场"和"张之洞广场"，改建、扩建了尖林山公园、选矿厂区花园、球团厂沿坡景观带等多个重点绿化区，还对矿区入口及生活区"两纵四横"道路翻修"刷黑"，彩化房屋 224 栋，种植各类苗木、绿篱 40 余万株、草坪 6 万 m²。

结合现状解难点。针对历史遗留的 837 间棚户区，申请拆除、新建火险隐患整改房。在 6 个月工期内，在钢厂、九龙园、余家山三个地段建起了 564 套住房，使 400 余户职工家属喜迁新居。

开辟阵地推亮点。利用矿内电视、网络、报刊等宣传阵地，通过专题、专栏、专刊等方式，新华社、人民日报、中国新闻社、中央电视台等国家级权威媒体对此进行了采访报道。

四、坚韧聚沙成塔的心态再造人文环境

2005 年，大冶铁矿抓住国土资源部在全国范围内开展矿山公园立项申报的机遇，提出了"在植树绿化的同时植入文化"的"双植理念"，全力打造"森林化矿山"。

把握机遇建平台。大冶铁矿将全国重点文物保护单位——铜绿山古矿遗址纳入其中总体申报，顺利通过了国家 4 部委的联合评审，成为全国首批、湖北唯一的国家矿山公园。初步形成日出东方、矿业博览等八大景观，建成井下探幽、天坑飞索、极速滑草等地下、地面和空中立体互动体验项目。5 年来，累计接待游客 45 万人次，营业收入达 640 万元。

追忆历史建讲台。大冶铁矿改造建成中国第一家铁矿山博物馆——大冶铁矿博物馆。分矿物陈列、古代开采、近代开采、现代开采、重建开采、伟人视察、精神文明等八大系列，共收集整理各类文物、实物 740 件，图片 483 幅、史料文献 10 万余字，被纳入国家文物局档案管理，成为"全国青少年爱国主义教育基地"。

面向未来拓舞台。大冶铁矿连续两年自主筹办矿山万亩"槐花旅游节"，吸引了各地 5 万余名游客赏花观景，成为与武大樱花、东湖梅花、麻城杜鹃和荆门油菜花并称的湖北旅游"五朵金花"之一，被纳入全国高铁赏花图和湖北省 33 条精品旅游线路。

大冶铁矿人正用智慧和汗水守护绿色家园，用科技和责任呵护环保宜居的矿山，用良好的心态改变着生态环境。

武钢金山店铁矿建设绿色矿山纪实

自 1958 年建矿以来，武钢金山店铁矿（简称矿山）始终坚持在矿山可持续发展的同时注重人与自然的协调发展，实现了矿山经济效益和环境改善的同步提升连续 20 多年被评为"武钢绿化先进单位"，先后获得"湖北省文明单位"、"全国十佳厂矿"、"全国冶金绿化先进单位"、"全国绿化模范单位"等称号。

目前，矿区绿化面积已达 134 万 m²、绿地率 38%、绿化覆盖率达 41.8%；共栽植各类乔灌木 98.5 万株，藤本植物 5.4 万株，铺植草坪 15.7 万 m²，垂直绿化 1.2 万 m²，植树成活率 98%，义务植树尽责率 100%。

理念先行，科学规划。"十一五"期间，矿山将"打造绿色矿山、建设和谐家园"理念纳入矿山发展规划。成立了绿化委员会，明确了具体的管理部门（绿化办公室）和实施单位，现有园林专家、绿化管理和绿化工作人员 328 名。并在 2006 年，委托武汉大学园林设计院对矿区进行总体规划设计，依据"科学规划，分步实施"的原则，贯彻"以绿为主，绿中求美"的方针，做到以乔木为主，乔灌花草相结合；重点绿化与普遍绿化相结合；适地适树与少量品种引进相结合；环境整治与绿化美化相结合；巩固成果与积极开展技术创新相结合，做到宜林则林，宜草则草；力求绿化、美化、香化、彩化并重，有效地推动了绿化复垦工作的蓬勃发展。

领导重视，保障投入。矿山领导每年都要组织召开专题会议，围绕矿区绿化美化、复垦绿化、拆房建绿，规划和研究部署工作，落实专项资金。

绿色钢铁

　　目前，已改造建成小白山公园、职工健身娱乐休闲中心广场等景点 20 余处，形成了"两园两场"、"三横四纵"生活区的景观格局。在生产区，将原选矿车间旁的废石场，改建成近万平方米的复垦绿地；将 107m 生产现场旁废地扩改成地标性的工业广场；检修中心内林木葱郁；物流中心果满枝头；办公区域花团锦簇。形成了"一环一栈两广场"及八大重点绿化区。

　　彰显特色，科技兴绿。矿山充分利用科学手段实行复垦绿化。1986 年，首开湖北省内矿山大面积种植香樟树之先河；1988 年，成为全国第一家在排废场、尾矿坝上进行复垦绿化的矿山。运用自主创新的"裸岩坡面生态恢复技术"，解决了矿山硬岩坡面多、绿化成本高、成活难等实际问题。同时，积极探索栽培新技术，其"名贵古树断木扦插"技术已向国家申报专利。矿山还充分利用本地野生乡土树种、地被等植物种类丰富的特点，进行优化组合，形成了"山上槐树山下樟，厂房掩映绿树间"的景观格局，营造出季相分明，红绿掩映的景观效果。

　　规范管理，效果显著。矿山坚持科学管理，制定了《绿化管理考核办法》等一系列绿化管理制度，建立了绿化复垦长效管理机制。使所有绿地做到"定人、定点、定职责"，形成了"有计划、有组织、有实施、有检查、有评价、有考核"的绿化复垦工作局面。

　　金山店铁矿全体职工用自己的智慧和汗水造就了丰富多彩的绿色矿山，造就了绿色环保的幸福家园，用现代的管理和创新的思维绘制了矿山美好的现在和灿烂的未来。

（生范鹤鸣　撰稿、摄影）

环境整治新舞台　绿色柳钢新篇章
——柳钢绿化美化工作经验总结

绿色钢铁

　　"十五"以来，柳钢在投入大量资金进行技术改造实现企业升级转型过程中，投资30多亿元推进环保建设，打造"绿色钢铁"，实现了企业"增产减污"、"节能减排"目标，为柳州市"碧水蓝天"工程作出了重要贡献。

　　2005年9月，柳钢吹响了"柳钢环境整治清洁绿化工程"的号角。

　　柳钢以自治区"绿满八桂"和柳州市"绿满龙城"造林绿化工作部署精神为指导，紧紧围绕"企业强、职工富、环境美"的柳钢企业发展方针，遵循整洁、绿化、环保；统一规划、分级负责、目标明确、力求实效；以绿为主，注重实效的原则，开展柳钢的环保和绿化美化工作，全面推进绿色钢城的建设。在料场区域周围密植树，达到抗粉尘、吸附粉尘的防护效果；冶炼区域以绿化和硬化相结合，减少扬尘；轧钢区域、辅助区域、办公区域以绿化为主；生活区以绿化美化与小区整体环境和谐统一满足观赏、休闲、美化绿化的功能需求。

　　在绿化中以节约为先，保持原有绿化和管理模式。厂区以实用为主，小区保持环境和谐，最大限度降低绿化成本。

　　2005年，柳钢成立的环境整治领导小组，由董事长和总经理担任组长，党工部、企划部、总调、物业管理公司为成员单位，负责绿化工作目标制定、各项目部署和决策、推进和管理。领导小组下设办公室。同时，落实目标责任人和年度种植计划、编报预算书。

　　柳钢还通过电视台、《柳钢报》广泛宣传开展植树造林的意义、任务、目标、实施情况及实施过程中涌现的先进事迹，推动"绿满钢城"工作的全面开展。

　　按照自治区及柳州市造林绿化工作部署和建设"绿色钢城"的总体要求，重点抓好厂区绿化功能的升级，进一步改善工作、办公、居住环境；抓好技改项目竣工的绿化种植，坚持绿化与技改项目建设"三同时"制度；做好料场周边防护林的建设，每年确保全厂的绿化率达到95%以上。

　　具体任务以及具体做法是：

　　（1）物业管理公司负责（集团）公司办公区域、厂区主干道、文体休闲区域绿化。通过合理的植物配置，使其更具多品种、多层次、多色彩的景观效果。（2）物业管理公司负责生活小区的绿化。通过对小区内有限的绿地进行改造升级，通过合理配置，增加绿化品种，大量增加绿化面积。（3）各二级单位业主负责各二级单位办公、生产区域。在办公、生产区域种植适合本区域生长的树种，主要有小叶榕、水蒲桃等。（4）机动工程部、各项目二级单位负责大型技改项目的绿化。坚持绿化与技改项目"三同时"制度，确保绿化种植及时进行。(5) 运输部负责各铁路沿线。该区域绿化以首先确保行车安全为前提。(6) 各二级单位业主、物业管理公司负责各料场和厂区围墙的周边。该区域绿化种植以"防护"为主。(7) 钢星园林公司负责B区其他空地。该区域面积可暂时作为农作物的生产基地进行生产种植。

柳钢的绿化检查由企划部统一牵头，对各责任单位推进进度、完成情况进行检查考核；严格执行相关管理制度，不断提升柳钢绿化工作的品味、水平和成绩。

多年来，柳钢坚持按照绿化美化实施方案，以增加绿量为主线，以绿化结构调整和厂容厂貌治理为重点，大力实施复垦建绿、垂直补绿、植树营绿、退硬还绿工作，不断扩大绿化面积、提高绿化率，形成了"远近高低各不同"的乔、灌、花、草观赏效果，使柳钢厂区呈现出"厂在林中，路在绿中，人在景中"的绿化美化新景象。目前，柳钢绿化面积达 224.63 万 m^2，绿化覆盖率为 34.62%，绿化率为 98.2%，苗木种植成活率高达 98.3%。

公司党委书记说，柳钢是把柳钢、柳州当做大家共同生存的家园，做好柳钢的环保、绿化美化工作是对职工负责、对柳州人民负责。柳钢做好环保、绿化美化工作并不是谁的要求，而是全体柳钢人自发的愿望，自觉地把环保、绿化美化工作当成自己的事情来做，而且是关系生死存亡的最重要的事情来做。

"十二五"时期，柳钢提出"强优柳钢、绿色柳钢、文化柳钢、幸福柳钢"的愿景目标。"绿色柳钢"就是最终把柳钢建设成为花园式企业，并且不让柳钢生产过程中的任何有害物质流向社会，实现更清洁、更节能、更环保的钢铁生产。

（彭平 谭桂芳 林丽芬 陈坤梅 撰稿，蒋国华 摄影）

海南矿山狠抓复垦绿化 建设绿色、美丽矿山

海南矿业股份有限公司（简称海南矿业）始终重视复垦绿化、建设绿色矿山工作投入了大量人力、物力和财力。从 20 世纪 80 年代初至 2011 年底，累计矿山复垦绿化投资 5000 多万元，累计种植各类树木 280 万余株，种植橡胶林面积 532 万 m²，完成矿山复垦面积 427 万 m²，矿区绿化覆盖率 57.45%，矿山复垦率 85.72%。曾连续 9 年被海南省和原冶金工业部评为"复垦绿化先进单位"；1991 年、1993 年和 1994 年被评为"全国造林绿化 300 佳单位"；1996 年被国家环保总局授予"国家级环境保护先进单位"；2002 年被海南省政府授予工业企业"环境保护先进单位"；2012 年被评为国家级绿色矿山试点单位。

一、加强领导，统筹规划，确保复垦绿化工作有序推进

海南矿业历任领导都非常重视矿山绿化工作，把复垦绿化、建设绿色矿山作为一项重要工作内容纳入公司生产经营和发展的重要议事日程。例如：制定矿山复垦绿化、水土保持规划和年度实施计划；公司领导年年带头参加义务植树活动，深入基层了解复垦绿化工作情况；分管绿化工作的副总经理经常组织讨论和研究矿区复垦绿化工作。成立绿化委员会，下设办公室，具体负责日常的绿化管理工作；设有绿化专业队伍——绿化队；做到年年有计划、有布置、有措施、有检查、有评比，做到计划、组织、资金三落实。

二、坚持制度建设，落实管护措施，保护复垦绿化工作成果

海南矿业先后制定了《海南矿业股份有限公司环境保护管理实施办法》、《海南矿业股份有限公司义务植树管护规定》和《海南矿业股份有限公司林木砍伐管理规定》等一系列绿化管理制度，使矿山复垦绿化工作做到有章可循，有法可依，有效地制止了矿区乱砍滥伐，毁坏树木的行为发生，巩固已取得的绿化成果。

三、充分发挥绿化专业队的骨干作用，为矿区复垦绿化创造良好的条件

海南矿业绿化专业队伍主要负责的工作：

（1）根据年度计划安排，组织培育 20 万～ 30 万株马占相思、大叶相思树苗，满足矿区雨季复垦绿化用苗需要。

（2）负责矿区 16 条主干道两旁的绿化带和公共绿地的日常管护工作。贯彻 "植物造景，绿中求美"的方针，采取补种和改进方式，使之形成乔灌木与花卉、草坪相结合的格局。

（3）对矿区复垦绿化工作进行技术业务指导，协助公司各二级单位进行复垦绿化规划、设计和施工，为绿化美化矿山发挥排头兵作用。

四、优化设计，合理布局，营造人与自然和谐相处的矿山环境

近年来，海南矿业对矿山早期形成的绿化格局进行重新规划，合理布局和重点改造，并根据不同功能区域、功能特点进行绿化。例如在行政区和住宅清洁区，以种植高观赏、高经济效益的植物为主。先后建成大型矿山公园一座、长寿园一座和康乐园一座，美化景点 20 多处，形成乔灌木与草坪、花卉科学搭配的多品种、多色彩、多层次格局。在粉尘污染较突出的工业区，坚持"以绿为主"，在生产车间、厂房、仓库的周边空地上，种植抗噪声和吸附能力强的植物，形成一个具有多层阻滞、多层吸附等功能的绿色带，绿化和净化厂区环境；在土层较厚、肥力较好的荒山荒地以种植橡胶树、果树等经济林为主；而在含石砾多，土层薄、肥力较差的采场边坡、废石场以种植马占相思、大叶相思等耐旱、防风固沙能力强的防护林为主。近年来海南矿业的复垦绿化已从过去单纯的环境生态型向生态型与经济效益型并重转变。例如公司结合海南岛特有的自然、气候条件及矿山土壤、土质特点，投资 800 多万元，在 280m 排土场复垦开发热带水果基地，种植火龙果、番石榴和龙眼等热带水果树 1500 余亩。目前，果树已陆续进入挂果收益期，前景看好。

如今，海南矿业的矿山复垦绿化、美化工作，正朝着建设一个布局合理、道路整洁、绿树成荫、空气清新、生态环境良好、矿业生产持续发展的新矿区方向迈进，一个绿色矿山、美丽矿山已初现雏形。

推进生态文明建设，建设美丽攀钢

攀钢集团自投产以来，高度重视生态文明建设工作，努力营造与现代钢铁企业相适应的生态环境。截至 2012 年，攀钢集团（攀枝花地区）厂区绿地面积已达 1543 万 m²，可绿化率、绿化覆盖率分别达到 99.61% 和 34.88%；矿区绿化面积 777 万 m²，可绿化率、绿化覆盖率分别达到 92.82% 和 31.26%；建成视野区绿色生态屏障 355 余万 m²。有各类乔灌木植物等 94 科 300 余种园林植物。10 余年来，攀钢集团先后荣获"全国造林绿化先进单位"、"全国冶金行业绿化先进单位"、"全国部门造林绿化 300 佳单位"、"四川省园林式单位"、攀枝花市"先进园林式单位"等荣誉称号，有 16 人分别被全国绿委、冶金绿委及四川省绿委授予"绿化先进个人"称号。

40 多年来，攀钢集团在着力打造企业绿色文明形象，经历了四个阶段：

一是 20 世纪 60 年代末到 80 年代初的普遍绿化阶段。这一时期，虽然栽树不少，但由于缺乏统筹规划，合理选择和配置树种，绿化尚可，美化效果较差。

二是 80 年代中期至 90 年代中期的攀钢二期工程绿化配套建设，着力打造绿化样板工程阶段。这一时期，攀钢集团精心规划设计，提前做好苗木的采购和培育，严把施工质量关，实现了园林绿化一步到位，绿化水平有了较大提高。冷轧厂绿化景观曾受到中央领导的高度赞扬。

三是 90 年代中期开始老厂区绿化改造，全面提高绿化质量水平阶段。这一时期的老厂区改造使攀钢的主干道基本实现了"人走林荫道，堡坎披绿装"的目标。攀钢以建设"园林式生活区"为目标，使攀钢生活区、房区面貌焕然一新。所属几十所中小学和幼儿园的环境也发生了较大的变化。

四是 90 年代后期至 21 世纪 10 年代，着力创建生态园林式工厂，注重绿化美化效果阶段。攀钢在重视大气污染防治、水污染防治和废弃物综合利用的同时，认真贯彻执行国家《水土保持法》和《森林法》，大搞水土保持工程和大面积植树造林。新建了巴关河渣场；专门设置了容积超过 360 万 m³ 的弄弄沟和施家坪弃土场；每年都花费大量资金用于尾矿堤的加固和植物栽种；积极推进冶金渣场边坡绿化和矿山复垦工作。1998 年以来，投入近 300 万元，矿山复垦面积已达 2000 多亩。同时完成视野区红线内荒山绿化 3239 亩，营造防护林带 19 条，总面积 139 公顷。

攀钢生态环境保护与建设的主要做法：

一是领导重视，把绿化工作纳入企业生产经营管理。攀钢历届领导班子都十分重视厂容绿化工作，将厂容绿化工作提高到企业精神文明建设的高度来认识，将厂容绿化工作与稳定攀钢职工队伍联系起来，和凝聚力工程建设、文明社区创建结合起来一并推进实施。攀钢将厂容绿化工作作为环境保护工作的主要内容来抓，明确一名副总经理分管厂容绿化建设与管理工作，各子、分公司（单

绿色钢铁

位）也确定一名副职像抓生产一样抓厂容绿化工作。

40 年来，攀钢将每年的绿化工作计划列入公司生产经营计划指标体系一并下达，把绿化工作纳入生产经营管理范畴，并纳入公司经济责任制进行考核。40 年来，攀钢仅用于绿化植树与管护的投入已达 1.5 亿元；每年拨专款用于表彰奖励绿化先进单位和先进个人；配套建设攀钢重点工程绿化精品，如现已建成的西昌钢钒有限公司、攀钢钒冷轧厂、攀钢钒发电厂及钒业公司氮化钒车间、热轧板厂及轨梁万能轧机生产线。

二是建立健全组织机构，制定和完善绿化规章制度。公司总经理担任环境保护委员会主任，并确定一名副总经理主管绿化工作。在公司设立安全环保部为厂容绿化管理职能部门，各子、分公司（单位）也有相应的管理机构。先后制定完善了《攀钢绿化责任区管理办法》、《攀钢园林绿化管理办法》等规章制度，使攀钢的厂容绿化管理工作实现了规范化、制度化。

三是以西部大开发为契机，营造攀钢周边良好生态环境。攀钢在基本完成厂区和生活区绿化的基础上迅速将绿化目标转向企业周边荒山，积极参与攀枝花市山水园林城市建设。经过 30 年的不懈努力，攀钢在本单位红线范围内实现了可绿化地的全部绿化。从 2001～2008 年短短 8 年间里，攀钢组织完成红线外视野区荒山造林面积 194.4 万 m^2。

四是珍惜植物生命，注重绿化成果的保护。在植物保护方面严格树木审批和绿化补偿制度。对攀枝花市渡金线公路改造将面临砍伐的多年生大型攀枝花、黄桷树组织移栽，要求专业队伍移栽成活率达到 95% 左右。严肃查处破坏绿化树木的违法行为。加强植物保护，狠抓病虫害的预测预防工作。加强珍稀濒危植物保护，努力维护生物多样性。公司先后制订《关于攀钢开采石灰石矿、倾倒冶金渣作业对攀枝花苏铁的影响及其保护意见》、《关于立即停止向攀枝花苏铁保护区边缘倾倒剥离废石的通知》、《关于切实加强保护攀枝花苏铁林的通知》等文件。先后投资 150 余万元修建了长 500 余米，高 2.5m 的防火隔离墙、实施人工植被恢复（其中，在废弃排土场上一次性人工种植苏铁苗 1253 株）、营造防护林带等措施。注重优良植物品种的调研和引种工作，丰富和提高攀钢绿化植物品种和树木档次。高度重视攀钢外埠企业的厂容绿化建设工作，发挥其良好窗口作用。注重绿化经验与成果的总结，组织完成了攀钢园林绿化植物品种调查及适应性研究成果。

攀钢 2003 年立题开展了攀钢园林绿化植物品种调查及适应性研究工作，以此为基础编辑了《攀钢园林绿化植物图鉴》一书。四川科学技术出版社 2004 年 12 月正式出版，在国有大型工矿企业立题开展绿化植物品种及适应性研究并出版大型绿化科普工具书在国内钢铁企业中尚属首例。

攀钢有信心持之以恒，不断加强园林绿化和生态环境建设，为实现攀枝花市创建国家园林城市的目标作出应有贡献。

（攀钢集团公司安全环保部）

附 件:

中国钢铁工业协会部门文件

钢协绿〔2014〕08 号

关于印发《冶金企业绿化技术标准》的通知

各冶金企业:

为进一步做好冶金企业的厂区绿化和矿山复垦工作,合理利用绿化资源,科学地进行绿化规划、设计、施工、养护、维护工作,根据冶金企业的要求,中国钢铁工业协会绿化委会组织有关企业和有关绿化专家,对原冶金工业部制定的《冶金企业绿化技术标准》进行了修订,现予以印发,请结合本单位的实际情况贯彻落实。

附:《冶金企业绿化技术标准》

中国钢铁工业协会绿化委员会

2014 年 12 月 24 日

冶金企业绿化技术标准

总　则

第一条　为了合理利用绿色资源，为冶金企业科学地进行绿化规划、设计、施工、养护提供有效的指导，发挥绿地的生态功能，特制定本技术标准。

第二条　本技术标准适用于冶金企业范围内各类绿地的建设和管理工作。

第一篇　绿化规划设计规范

第一章　绿化总体规划

1.1　基本原则

1.1.1 统一规划、统一布局。工厂绿化规划是工厂总体规划的有机组成部分，应在工厂总图规划的同时进行绿化规划。

1.1.2 与工业建筑主体相协调，遵循以人为本的原则。工厂绿化规划设计是以工业建筑为主体的环境设计，绿化设计须以人为本，把关心人、尊重人的理念体现在工厂绿化的设计和创造中，在改善工作环境的同时，实现人、园林景观、工厂生产环境三者的和谐共存。

1.1.3 保证安全生产。由于工厂生产的需要，绿化规划设计一定要合理布局，以保证生产安全，不能影响管线和厂房的采光需要。

1.1.4 结合厂区实际情况，如地形、土壤、光线和环境污染的情况，因地制宜进行合理布局。

1.1.5 与全厂的分期建设相协调一致。既要有远期规划，又要有近期安排。从近期着手，兼顾远期建设的需要。

1.1.6 运用环境经济学原理，创建节约型绿地系统。充分发挥特殊空间绿化。在绿化物种选择上，保护和利用当地植物区系中的乡土树种，适当种植外来引入树种和珍稀名花名木。在植物配置上模拟地带性植被特征的"近自然群落"，运用"近自然"手法，营造超常规、低造价、群落结构完整、物种丰富、生物量高、后期有较好的自我更新和病虫害抵御能力的绿地。

1.2　总体目标

1.2.1 确保厂区绿地率达 25% 以上，绿化覆盖率 30% 以上。

1.2.2 因地因时，合理选种搭配多种乔、灌、藤、花、草，充分利用植物丰富的体态美和多样的季相变化，营造具有优美外形的园林景观。

1.2.3 充分发掘植物景观与企业文化结合的教育意义，展现企业人文理念的生态型园林工厂环境。

1.3　绿化布局规划

　　首先，应将车间厂房和办公楼作为绿化"点"，交通干道、铁路和河流作为绿化连通"线"，组成多种疏密有致、层次合理的绿化"面"，全面推行墙面、屋顶、支架、灯柱等特殊空间立体绿化，减少厂区非生物因子暴露，从而大幅度增加植物总量，构建多维的绿地系统，使工厂绿地率达到 25% 以上，最大程度的发挥厂区绿地系统生态、景观效益。

其次，应结合厂区的功能分区、自然地形地貌和土壤理化性质等客观环境要素，在规划和设计过程中，构建以乡土树种为主、抗逆性强，与各功能分区、自然环境相适应的植物群落。

再次，在厂区整体景观规划的基础上结合园林景观的外貌设计，通过植物色相和体态的搭配，充分展现工厂绿地的生态美，实现改善环境污染状况和美化景观的双重目的。

1.4 绿化树种规划

1.4.1 常绿树与落叶树的合理搭配

由于南北方自然条件差别较大，所以各地常绿树与落叶树的比例大不相同。一般认为，常绿树与落叶树栽植比例，在南方，落叶宜占 40% 左右，常绿树宜占 60% 左右；在北方，落叶树宜占 65% 左右，常绿树宜占 35% 左右。

1.4.2 合理应用乡土树种和引入植物种，适地适树

在构建生态园林植物群落时要做到景观效果与环境生态效益的协调，根据不同绿地类型，采用乡土树种和景观树种相结合的优化模式，发挥各自功效。

1.4.3 注重基调树种和骨干树种的选择

基调树种是指各类绿地均要使用的、数量最大能形成全厂区统一基调的本地区适生树种。冶金企业基调树种应选用具有抗性强、抗逆性强、广泛适生、生长健壮、生态景观俱佳的乡土树种。

骨干树种指在厂区主干道、重点景区等地应用的孤赏树、绿荫树及观花树木。骨干树种能形成全厂区的绿化特色，以配合基调树种构成厂区绿地四季景观。

1.4.4 合理配置植物群落

绿地植物群落配置核心是利用不同物种生态位的分异，采用生活型、耐荫性、个体大小、叶型、根系分布特性、养分需求和物候期等方面差异较大的植物，避免种间直接竞争，构成乔、灌、竹、草、藤的复合群落，形成互惠共生，结构与功能相统一的良性生态系统，提高群落乃至绿化景观的稳定性。

1.5 各功能区的绿化设计要点

1.5.1 环厂区防护林带的设计要求

通过人工营造与植被自然生长，建造以地带性植被类型为目标，群落结构完整、物种多样性丰富、生物量高、趋于稳定状态、后期完全遵循自然循环规律的"少人工管理型"植被，形成环厂的绿色屏障和生物廊道，提升厂区生态环境和整体景观。

1.5.2 厂区道路绿化带设计

采用乔灌、地被（草）相结合，道路两侧绿地构成复层的生长稳定的乔灌草群落结构，提高绿地的三维绿量，有效地降低噪声和减少粉尘污染。

1.5.3 办公生活区绿化的设计要求

种植观赏价值较高的常绿树，区域道路上选用冠大荫浓、生长快、耐修剪的乔木作遮荫，或配以修剪整齐的灌木绿篱，各种色彩的宿根花卉，形成美观、明快的景象。

第二篇 绿化栽植技术标准

第一章 一般规定

1.1 综合工程中的栽植工作，应在主体工程、地下管线及道路工程等完成后进行

绿色钢铁

1.2 绿化栽植应在栽植季节进行。综合工程的主体工程如在非栽植季节完工，栽植工作应在随后的第一个栽植季节内完成

1.3 成活率和保存率

1.3.1 在栽植季节内栽植树木，凡是由本地区移植的苗木，其成活率应大于95％，由外地移植的苗木，其成活率应大于90％。因特殊原因在非栽植季节栽植树木，成活率不应考核。

1.3.2 栽植一年以上的树木保存率应大于98％。

1.3.3 计算成活率和保存率时，不包括因人为机械损伤，各种污染以及自然灾害等客观原因所造成死亡的树木。

第二章　栽植材料的质量标准

2.1 乔木的质量标准

栽植种类	要　求		
	树　干	树　冠	根　系
重要地点栽植材料（主要干道、广场及绿地中主景）	树干挺直胸径大于8cm	树冠要茂盛，针叶树应苍翠层次清晰	树系必须发育良好，不得有损伤，土球应符合本规程规定
一般绿地栽植材料	主干挺拔，胸径大于6cm	树冠要茂盛，针叶树应苍翠层次清晰	树系必须发育良好，不得有损伤，土球应符合本规程规定
防护林带和大片绿地	树干弯曲不超过两处	具有抗风、耐烟尘、抗有害气体等要求，针叶树宜树冠紧密分枝较低	树系必须发育良好，不得有损伤，土球应符合本规程规定
绿　篱	有丛生特性容易发生隐芽潜芽	树梢耐修剪萌发力强	发育正常

注：（1）道路上机动车道旁乔木，主干分叉点高度不小于3.2m，分枝3～5个，分布均匀，斜出水平角以45°～60°为宜；（2）胸径系树木离地面1.3m高处树干的直径。

2.2 灌木的质量标准

栽植种类	要　求		
	高　度	地上部分	根　系
重点栽植材料	150～200cm	枝不在多，须有上拙下垂	根系须茂盛
一般栽植材料	150cm	枝条要有分歧交叉回折，盘曲之势	根系须茂盛
防护林和大片绿地	150cm	枝条宜多，树冠浑厚	根系须茂盛
花　篱	茎干有攀援性	枝密树茂能依附他物，随机成形	根系须茂盛

项 次	项 目		质 量 要 求
1	树木	姿态和生长势	树干基本挺直，树形基本完整，生长基本健壮
		病虫害	基本无病虫害
		土球和裸根树根系	土球和裸根树根系的规格应符合《园林植物栽植技术规程》的规定，土球基本完整，包扎基本牢固，无露出土球的根系；裸根树木主干根无劈裂，根系基本完整，无损伤，切口平整
2	草块和草根茎		草块的尺寸基本一致，厚薄均匀，泥厚应不小于2cm，杂草不得超过5%；草根茎中的杂草不得超过2%；过长草应修剪；基本无病虫害；生长势基本良好
3	花苗、地被		生长基本苗壮，发育基本匀齐，根系基本良好，无损伤，基本无病虫害

第三章　栽植土质量标准

3.1　栽植土外观土色及紧实度技术标准

基本疏松不板结，土块易捣碎，适宜植物生长。

3.2　栽植土地形平整度、造形和排水坡度技术标准

土地基本平整，回填的栽植土已达到自然沉降的状态，地形的造形和排水坡度应符合设计要求且基本恰当，无明显的低洼和积水处，花坛基本无积水。

3.3　栽植土与道路（挡土墙或挡土侧石）接壤处及边口线技术标准

栽植土与道路（挡土墙或挡土侧石）接壤处，栽植土应略低于3~5cm，栽植土与边口线基本平直。

第四章　挖掘标准

4.1　挖掘裸根树木根系直径及带土球树木土球直径及深度规定如下：

4.1.1 树木地径3～4cm，根系或土球直径取45cm。

注：地径系指树木离地面30cm左右处树干的直径。

4.1.2 树木地径大于4cm，一般以地径的6~8倍为根系或土球的直径。

4.1.3 无主干树木的根系或土球直径取根丛的1.5倍。

4.1.4 根系或土球的纵向深度取直径的70%。

4.2　装运标准

4.2.1 装运树木时，必须轻吊、轻放、不可拉拖。

4.2.2 提运带土球树木时，绳束应扎在土球下端，不可扎在主干基部，更不得扎在主干上。

4.2.3 运输裸根植物，应采取包裹方式或湿浸方式须保持根部湿润。

4.2.4 运输树木应合理搭配，不超高、不超宽、必须符合交通规定，不得损伤树木、不得破碎土球。

第五章　栽　植

5.1　栽植季节

5.1.1 落叶乔木和灌木的挖掘和栽植，应在春季解冻以后，发芽以前，或在秋季落叶后冰冻以前进行。

5.1.2 常绿乔灌木挖掘和栽植，应在春季土壤解冻后，发芽以前进行，或在秋季新梢停止生长后，降霜以前进行。

5.2　乔灌木栽植标准

项　次	项　目	质 量 要 求
1	放样定穴	基本符合设计要求
2	树　穴	穴径大于土球或裸根树根系直径40cm，深度同土球或裸根树根系的直径；翻松底土；树穴上下基本垂直
3	定向与排列	树木的主要观赏朝向应基本丰满完整、生长好、姿态美；孤植树木冠幅应基本完整；群植树木的林缘线、木冠线基本符合设计要求
4	栽植深度	栽植深度基本符合生长要求，根颈与土壤沉降后的地表面等高或略高
5	土球包装物、培土、浇水	基本清除土球包装物，打碎土块，分层均匀培土，分层捣实，培土高度基本恰当，及时浇足水且不积水
6	垂直度支撑和裹杆	树干或树干重心与地面基本垂直，支撑设施应因树因地设桩或拉绳，树木绑扎处应夹衬软垫，不伤树木，稳定牢固；树木裹杆或扎绑紧密牢固
7	修剪（剥芽）	无损伤的断枝、枯枝、严重病虫枝等；规则式种植、绿篱、球类的修剪应基本整齐，线条分明，造型树的造形基本正确，修剪部位恰当，不留短桩，切口基本平整，留枝、留梢、留叶、基本正确，树形基本匀称

5.3　草坪、花坛、地被栽植标准

项　次	项　目		质 量 要 求
1	栽植放样		基本符合设计要求
2	草坪	籽播或植生带	表层应均匀覆盖直径为0.5～1cm的细土，浇足水，压实；出苗基本均匀，疏密基本恰当，空秃面积不应超过2%，一处空秃不应超过0.2m², 生长势良好，修剪基本恰当
		草块移植	密铺草坪缝间隙1.5～2.0cm，间铺和点铺草坪，草块大小基本一致，间隙基本均匀；草块的间隙应用疏松土填平，草块与土壤滚压密结，草坪基本平整，生长势良好，修剪基本恰当
		散　铺	表层应均匀覆盖直径1～2m的良质疏松土；草茎疏密基本恰当，草茎与土壤滚压密结，草坪基本平整，生长势良好，修剪基本恰当

项　次	项　目	质量要求
3	切草边	草坪与树坛、花坛、地被的边缘应切草边，草坪处的边坡角呈 45°，深度应为 10~15cm，线条基本平顺自然
4	花坛、地被	密度符合要求，株行距基本均匀，高低搭配基本恰当，种植深度适当，根部捣实；花苗和地被不得被沾污，浇足水，花苗和地被生长势基本良好

第三篇　绿化养护技术标准

第一章　一般规定

1.1　园林植物养护技术应不断总结经验，广泛开展科学试验，逐步实现科学管理

1.2　各类绿地应结合本单位的实际情况，制订各种植物养护管理技术操作规程，按规程指导园林植物的养护管理

1.3　各单位应根据分级养护要求、质量标准制订全年养护计划

1.4　由于南北方气候的差异性，以长江为界分别制定了南方绿化养护等级标准和北方绿化养护等级标准

1.5　通常情况下，人均养护面积为一级 5000m²；二级 7000m²；三级 9000m²

第二章　南方绿化养护等级标准

2.1　一级养护质量标准

2.1.1 植物配置合理，绿化充分，达到植被将裸露地面全部覆盖。

2.1.2 园林植物达到：

（1）生长势：好。生长超过该树种该规格的平均生长量（平均生长量待以后调查确定）。

（2）叶片健壮：①叶色、大小、厚薄正常，在生长季节内不黄叶、不焦叶、不卷叶、不落叶，叶上无虫尿虫网灰尘；②被啃咬的叶片最严重的每株在 5% 以下（包括 5%，以下同）。

（3）枝、干健壮：①无明显枯枝、死杈，枝条粗壮，过冬前新梢木质化；②无蛀干害虫的活卵活虫；③介壳虫最严重处主枝干上 100cm² 1 头活虫以下（包括 1 头，以下同），较细的枝条每尺长的一段上在 5 头活虫以下（包括 5 头，以下同）；株数都在 2% 以下（包括 2%，以下同）；④树冠完整：分支点合适，主侧枝分布匀称和数量适宜、内膛不乱、通风透光（大多数针叶树内部就是通风透光差，内部和下部死亡的枝条多）。

（4）行道树基本无缺株。同种类，同批次的行道树一致性好，个体差异小。

（5）草坪覆盖率应基本达到 100%；草坪内杂草控制在 10% 以内；生长茂盛颜色正常，不枯黄；每年修剪暖地型 6 次以上，冷

地型 15 次以上；无病虫害。

2.1.3 行道树和绿地内无死树，树木修剪合理，树形美观，能及时很好地解决树木与电线、建筑物、交通等之间的矛盾。

2.1.4 绿化生产垃圾（如：树枝、树叶、草沫等），重点地区路段能做到随产随清，其他地区和路段做到日产日清；绿地整洁，无砖石瓦块、筐和塑料袋等废弃物，并做到经常保洁。

2.2　二级养护质量标准

2.2.1 植物配置基本合理，绿化比较充分，基本达到黄土不露天。

2.2.2 园林植物达到：

（1）生长势：正常。生长达到该树种该规格的平均生长量。

（2）叶片正常：①叶色、大小、薄厚正常；②较严重黄叶、焦叶、卷叶、带虫尿虫网灰尘的株数在 2% 以下；③被啃咬的叶片最严重的每株在 10% 以下。

（3）枝、干正常：①无明显枯枝、死杈；②有蛀干害虫的株数在 2% 以下（包括 2%，以下同）；③介壳虫最严重处主枝主干 100cm² 两头活虫以下，较细枝条每尺长一段上在 10 头活虫以下，株数在 4% 以下；④树冠基本完整：主侧枝分布匀称，树冠通风透光。

（4）行道树缺株在 1% 以下。

（5）草坪覆盖率达 95% 以上；草坪内杂草控制在 20% 以内；生长和颜色正常，不枯黄；定期修剪，保持草坪高度；基本无病虫害。

2.2.3 行道树和绿地内无死树，树木修剪基本合理，树形美观，能较好地解决树木与电线、建筑物、交通等之间的矛盾。

2.2.4 绿化生产垃圾要做到日产日清，绿地内无明显的废弃物，能坚持在重大节日前进行突击清理。

2.3　三级养护质量标准

2.3.1 植物配置一般，绿化基本充分，裸露土地不明显。

2.3.2 园林植物达到：

（1）生长势：基本正常。

（2）叶片基本正常：①叶色基本正常；②严重黄叶、焦叶、卷叶、带虫尿虫网灰尘的株数在 10% 以下；③被啃咬的叶片最严重的每株在 20% 以下。

（3）枝、干基本正常：①无明显枯枝、死杈；②有蛀干害虫的株数在 10% 以下；③介壳虫最严重处主枝主干上 100cm² 3 头活虫以下，较细的枝条每尺长一段上在 15 头活虫以下，株数都在 6% 以下；④90% 以上的树冠基本完整，有绿化效果。

（4）行道树缺株在 3% 以下。

（5）草坪覆盖率达 90% 以上；草坪内杂草控制在 30% 以内；生长和颜色正常；每年修剪暖地型草 1 次以上，冷地型草 6 次以上。

2.3.3 行道树和绿地内无明显死树，树木修剪基本合理，能较好地解决树木与电线、建筑物、交通等之间的矛盾。

2.3.4 绿化生产垃圾主要地区和路段做到日产日清，其他地区能坚持在重大节日前突击清理绿地内的废弃物。

2.4　绿化养护等级费用标准

2.4.1 根据绿化养护标准分为一级养护、二级养护、三级养护标准，并结合上海市园林绿化养护定额标准，暂定其养护系数为：一级养护标准系数—1.4，二级养护标准系数—1.0，三级养护标准系数—0.8。

标准绿化养护单价为 7.39 元 /（m²·年）。

2.4.2 各级别一年绿化养护单价

一级养护单价 10.36 元 /m²

二级养护单价 7.39 元 /m²

三级养护单价 5.92 元 /m²

2.4.3 绿化养护费用指标分析

一、工程概况：

工程性质	绿化养护	养护等级		标　准	养护时间	一年
工程面积		工程地点		本市范围	养护指标	739.79 元 /100m²
费用参考范围	社区公园；居住区公园；小区游园；带状公园；街旁绿地；防护绿地；工业绿地；仓储绿地；单位绿地；生产绿地等					
设计标准	苗木配置合理，有高矮变化，有绿篱、草皮、少量定型植物及鲜花。苗木杆形明显，生长茂盛，符合本市园林植物生长要求					
养护标准	根据设计意图，植物生长正常，群落完整。在植物生长不同阶段，及时调整，保持丰富层次。通过对各类植物的人工干预，营造自然美、艺术美和社会美的整体效果。 依据上海市《园林绿化养护技术等级标准》（DG/TJ08-1201-2005）要求： 1. 植物标准 苗木成活率宜达到95%。 2. 土肥标准 充分利用有机肥，增强土壤肥力，改善土壤物理性状，以不影响植物正常生长为宜。 3. 病虫害防治标准 提倡综合防治，病虫害控制在以不影响观赏效果的危害程度以内为宜					

二、耗量指标：

（一）植物构成

序　号	苗木分类	单　位	百平方米含量 (株等)	含量比例 (%)
1	常绿乔木类	株	1.7922	0.82
2	落叶乔木类	株	2.6048	1.20
3	常绿花灌木类	株	118.4449	54.41
4	落叶花灌木类	株	20.9940	9.64
5	造形植物类	株		
6	棕榈类	株		
7	竹　类	株	2.3933	1.10
8	攀缘类	株	0.0000	0.00
9	地被类	株	71.4015	32.80
10	水生植物类	株		
11	其他类	株	0.0673	0.03
12	总　计		217.6980	100.00

（二）耗用构成

序 号	名 称		单 位	百平方米指标
1	人工	养护工	工日	7.0568
2	材料	药 剂	kg	0.4865
3		肥 料	kg	16.1999
4		水	m³	11.0881
5	机械	浇水设备（洒水车 4000L）	台班	0.1970

三、费用指标：

序 号	费用名称		单 位	百平方米费用	比例（%）
1	直接费用	人工费	元	402.21	54.37
2		药剂费	元	8.03	1.09
3		肥料费	元	27.86	3.77
4		水 费	元	22.18	3.00
5		其他材料费	元	2.90	0.39
6		机械费	元	101.13	13.67
7	间接费	综合管理费	元	120.66	16.31
8		规 费	元	41.08	5.55
9	税 金		元	13.72	1.85
10	总费用			739.76	100.00

四、指标说明：

1. 指标用途：仅作为绿化养护工程匡算参考

2. 编制依据：根据 2000 年园林预算定额和施工费用计算规则编制

3. 价格水平：依据 2011 年 12 月市场价格信息编制

4. 本指标不包括道路侧石、驳岸栏杆、园林小品等建筑和附属设施的维修费用

第三章 北方绿化养护等级标准

3.1 一级养护质量标准

3.1.1 绿化充分，植物配置合理，达到黄土不露天。

3.1.2 园林植物达到：

（1）生长势好。生长超过该树种该规格的平均生长量（平均生长量待以后调查确定）。

（2）叶子健壮：①叶色正常，叶大而肥厚、在正常的条件下不黄叶，不焦叶、不卷叶、不落叶，叶上无虫尿虫网灰尘；②被啃咬的叶片最严重的每株在5%以下（包括5%，以下同）。

（3）枝、干健壮：

①无明显枯枝、死杈、枝条粗壮，过冬前新梢木质化；

②无蛀干害虫的活卵活虫；

③介壳虫最严重处主枝干上100㎝² 1头活虫以下（包括1头，以下同），较细的枝条每尺长的一段上在5头活虫以下（包括5头，以下同）；株数都在2%以下（包括2%，以下同）；

④树冠完整：分支点合适，主侧枝分布匀称和数量适宜、内膛不乱、通风透光。

（4）措施：按特级技术措施要求认真进行养护。

（5）行道树基本无缺株。

（6）草坪覆盖率应基本达到95%；草坪内杂草控制在10%以内；生长期内生长茂盛颜色正常，不枯黄；草坪平整，起伏平缓；无坑洼、无沟道；排水良好，无积水；适时浇水、施肥；无直径10cm以上秃斑；每年修剪暖地型6次以上，冷地型16次以上；草高保持在7~9cm，无病虫害。

3.1.3 行道树和绿地内无死树，树木修剪合理，树形美观，能及时很好地解决树木与电线、建筑物、交通等之间的矛盾。

3.1.4 绿化生产垃圾（如树枝、树叶、草沫等）重点地区路段能做到随产随清，其他地区和路段做到日产日清；绿地整洁，无砖石瓦块、筐和塑料袋等废弃物，并做到经常保洁。

3.1.5 栏杆、园路、桌椅、井盖和牌饰等园林设施完整，做到及时维护和油饰。

3.1.6 无明显的人为损坏，绿地、草坪内无堆物堆料、搭棚或侵占等；行道树树干上无钉拴刻画的现象，树下距树干2m范围内无堆物堆料、搭棚设摊、圈栏等影响树木养护管理和生长的现象，2m以内如有，则应有保护措施。

3.1.7 保证花坛花卉水分供应，做好排水措施，防止雨季积水，及时做好病虫害防治工作；花坛保护设施保持完好。花坛无枯萎的花蒂、黄叶、杂草、垃圾；缺株倒苗不得超过10%，无枯枝残花，残花量不得大于15%。

3.1.8 花境内植物完整、枝叶茂盛、色彩鲜艳，无病虫害，残花枯枝量不得大于15%。

3.2.1 绿化比较充分，植物配置基本合理，基本达到黄土不露天。

3.2.2 园林植物达到：

（1）生长势正常。生长达到该树种该规格的平均生长量。

（2）叶子正常：①叶色、大小、薄厚正常；②较严重黄叶、焦叶、卷叶、带虫尿虫网灰尘的株数在2%以下；③被啃咬的叶片最严重的每株在10%以下。

（3）枝、干正常：

①无明显枯枝、死杈；

②有蛀干害虫的株数在2%以下（包括2%，以下同）；

③介壳虫最严重处主枝主干100㎝² 两头活虫以下，较细枝条每尺长一段上在10头活虫以下，株数都在4%以下；

④树冠基本完整：主侧枝分布匀称，树冠通风透光。

（4）措施：按一级技术措施要求认真进行养护。

（5）行道树缺株在1%以下。

78

绿色钢铁

（6）草坪覆盖率应基本达到93%；草坪内杂草控制在20%以内；生长期内生长正常，不枯黄；草坪平整，起伏平缓；无坑洼、无沟道；排水良好，无积水；适时浇水、施肥；无直径20cm以上秃斑；每年修剪暖地型2次以上，冷地型10次以上；草高保持在10~13cm。

3.2.3 行道树和绿地内无死树，树木修剪基本合理，树形美观，能较好地解决树木与电线、建筑物、交通等之间的矛盾。

3.2.4 绿化生产垃圾要做到日产日清，绿地内无明显的废弃物，能坚持在重大节日前进行突击清理。

3.2.5 栏杆、园路、桌椅、井盖和牌饰等园林设施基本完整，基本做到及时维护和油饰。

3.2.6 无较重的人为损坏。对轻微或偶尔发生难以控制的人为损坏，能及时发现和处理，绿地、草坪内无堆物堆料、搭棚或侵占等；行道树树干无明显的钉拴刻画现象，树下距树2m以内无影响树木养护管理的堆物堆料、搭棚、圈栏等。

3.2.7 根据天气情况，保证花坛花卉水分供应，做好排水措施，防止雨季积水，及时做好病虫害防治工作；花坛保护设施基本完好。花坛无明显枯萎的花蒂、黄叶、杂草、垃圾；缺株倒苗不得超过15%，无明显枯枝残花，残花量不得大于20%。

3.2.8 花境内植物基本完整、枝叶完好、色彩鲜艳，无明显病虫害，残花枯枝量不得大于20%。

3.3　三级养护质量标准

3.3.1 绿化基本充分，植物配置一般，裸露土地不明显。

3.3.2 园林植物达到：

　　（1）生长势：基本正常。

　　（2）叶子基本正常：

　　　　①叶色基本正常；

　　　　②严重黄叶、焦叶、卷叶、带虫尿虫网灰尘的株数在10%以下；

　　　　③被啃咬的叶片最严重的每株在20%以下。

　　（3）枝、干基本正常：

　　　　①无明显枯枝、死杈；

　　　　②有蛀干害虫的株数在10%以下；

　　　　③介壳虫最严重处主枝主干上100cm² 3头活虫以下，较细的枝条每尺长一段上在15头活虫以下，株数都在6%以下；

　　　　④ 90%以上的树冠基本完整，有绿化效果。

　　（4）措施：按三级技术措施要求认真进行养护。

　　（5）行道树缺株在3%以下。

3.3.3 行道树和绿地内无明显死树，树木修剪基本合理，能较好地解决树木与电线、建筑物、交通等之间的矛盾。

3.3.4 绿化生产垃圾主要地区和路段做到日产日清，其他地区能坚持在重大节日前突击清理绿地内的废弃物。

3.3.5 栏杆、园路和井盖等园林设施比较完整，能进行维护和油饰。

3.3.6 对人为破坏能及时进行处理。绿地内无堆物堆料、搭棚侵占等，行道树树干上钉拴刻画现象较少，树下无堆放石灰等对树木有烧伤、毒害的物质，无搭棚设摊、围墙圈占树等。

3.3.7 根据天气情况，保证花坛花卉水分供应，做好排水措施，防止雨季积水，及时做好病虫害防治工作；花坛保护设施无明显缺损。花坛无显著枯萎的花蒂、黄叶、杂草、垃圾；缺株倒苗不得超过20%，无显著枯枝残花，残花量不得大于25%。

3.3.8 花境内植物无明显缺株、枝叶基本正常，无显著病虫害危害状，残花枯枝量不得大于25%。

绿化养护等级技术措施和要求

单位：次/年

级别	类别	浇水	防病虫	修剪	施肥	除草	垃圾处理
一级	乔木	15	7	2	1	3	随产随清
	灌木	15	5	2	1	3	

级 别	类 别		浇 水	防病虫	修 剪	施 肥	除 草	垃圾处理
一级	绿 篱		10	5	3	1	3	随产随清
	一、二年生草花		15	5	2	2	2	
	宿根花卉		20	5	4	4	3	
	草坪	冷季型	25	10	16	5	5	
		暖季型	15	2	6	4	5	
二级	乔 木		10	5	1/2	1/2	2	重要道路随产随清，一般道路日产日清
	灌 木		10	3	1	1/2	2	
	绿 篱		8	2	2	1/2	2	
	一、二年生花卉		10	5	1	2	2	
	宿根花卉		15	3	2	3	2	
	草坪	冷季型	20	7	10	3	4	
		暖季型	10	2	2	2	3	
三级	乔 木		8	3	1/5	1/2	1	主要地区和路段日产日清，其他地区根据需要突击清运
	灌 木		6	2	1	1/2	1	
	绿 篱		5	1	1	1/2	1	
	一、二年生花卉		8	2		1		
	宿根花卉		10	1	2	2		
	草坪	冷季型	15	3	6	2	2	
		暖季型	10	1	1	1	1	

注：修剪中的1/2，表示两年修剪一次，余下依此类推。

3.4 绿化养护等级费用标准

3.4.1 绿地养护费用依据北京市园林绿化局绿地养护定额，套用北京市人、材、机的2011年市场价格测算而成。

3.4.2 根据绿化养护标准分为一级养护、二级养护、三级养护。

3.4.3 各级别一年绿化养护单价

　　一级养护单价 14.52 元 /m²

　　二级养护单价 8.71 元 /m²

　　三级养护单价 5.81 元 /m²

月季地的养护依据首钢绿化公司的定额及本次所修的标准，套用北京市人、材、机的市场价格测算而成。测得每平方米月季地年养护价格为 25.58 元。其中：人工费 5.63 元，机械费 1.58 元，材料费 15.13 元，其他费用 3.24 元。

第四章　　绿化养护分类标准

4.1　树林养护技术标准

序　号	标准　级别　项目	三　级	二　级	一　级
1	景　观	（1）有一定的群落结构； （2）林相完整	（1）群落结构合理，植株间无明显抑制现象； （2）林冠线 / 林缘线完整	（1）群落结构合理，植株疏密得当，层次分明； （2）林冠线和林缘线饱满
2	生　长	枝叶生长量和色泽基本正常	（1）枝叶生长正常； （2）观花、观果树种常开花结果； （3）无大型枯枝	（1）枝叶生长、色泽正常； （2）观花树木按时茂盛开花； （3）观果树木正常结果； （4）色叶树种季相变化明显； （5）无枯枝
3	排　灌	有基本的排水系统，24h 内雨水必须排完；植株基本不出现失水萎蔫现象	（1）有良好的自然或管道排水系统，暴雨后 10h 内雨水必须排完； （2）植株失水萎蔫现象 1~2 天内消除	（1）有完整的自然或管道排水系统，林地内无积水现象，暴雨后 2h 内雨水必须排完； （2）植株不出现失水萎蔫现象
4	有害生物控制	（1）无严重的有害生物危害状； （2）枝叶受害率控制在 20% 以下，树干受害率控制在 10% 以下； （3）基本无大型、恶性、缠绕性杂草；无明显影响景观面貌的其他杂草	（1）无明显的有害生物危害状； （2）枝叶受害率控制在 15% 以下，树干受害率控制在 8% 以下； （3）无大型、恶性、缠绕性杂草，基本无影响景观面貌的杂草	（1）基本无有害生物危害状； （2）枝叶受害率控制在 10% 以下，树干受害率控制在 5% 以下； （3）无大型、恶性、缠绕性杂草；无影响景观的杂草
5	保存率	95% 以上	98% 以上	99% 以上
6	清　洁	无存积垃圾	基本无垃圾，保留落叶层	无垃圾，保留落叶层

4.2　树丛养护技术标准

序　号	标准　级别　项目	三　级	二　级	一　级
1	景　观	各类乔木、灌木基本具有完整外貌	（1）各类乔木及灌木基本达到层次合理，配置科学，密度基本合宜； （2）特殊造型树丛基本符合设计意图	（1）各类乔木及灌木之间层次合理，配置科学，密度合宜，具有群体美； （2）特殊造型树丛符合设计意图

序号	标准级别 项目	三级	二级	一级
2	生长	各类乔木及灌木枝叶生长量和色泽基本正常	各类乔木及灌木： （1）枝叶生长正常； （2）观花、观果树种正常开花结果	各类乔木及灌木： 枝叶生长、色泽正常；观花树木按时茂盛开花；观果树木正常结果；色叶树种季相变化明显
3	排灌	（1）树丛范围内无长期积水，暴雨后24h内须排完积水； （2）植株出现失水萎蔫现象，及时采取措施	（1）树丛范围内无积水，雨后10h内须排完积水； （2）植株出现失水萎蔫现象，1~2天内清除	（1）树丛范围内无积水，暴雨后2h内必须排完积水； （2）植株不出现失水萎蔫现象
4	有害生物控制	（1）无严重的有害生物危害； （2）枝叶受害率控制在15%以下；树干受害率控制在10%以下； （3）无大型、恶性、缠绕性杂草；无明显影响景观面貌的杂草	（1）无明显的有害生物危害状； （2）枝叶受害率控制在10%以下，树干受害率控制在5%以下； （3）无大型、恶性、缠绕性杂草；基本无影响景观面貌的杂草	（1）基本无有害生物危害状； （2）枝叶受害率控制在8%以下；树干受害率在3%以下； （3）无大型、恶性、缠绕性杂草；无影响景观面貌的任何杂草
5	清洁	无陈积垃圾，保留落叶层	基本无垃圾，保留落叶层	无垃圾，保留落叶层

4.3 孤植树养护技术标准

序号	项目	基本标准
1	景观	（1）树形完美，树冠饱满，符合观赏要求；（2）树穴覆盖完整
2	生长	（1）枝叶生长正常；（2）观花、观果树种正常开花结果
3	排灌	（1）排水通畅，无积水；（2）植株不得出现失水（萎蔫）现象
4	有害生物控制	无明显有害生物危害状，无杂草
5	清洁	无垃圾

4.4 花坛养护技术标准

序号	标准类型 项目	基本标准（二级）	一级
1	景观	（1）株行距适宜； （2）不露土； （3）缺株倒伏的花苗不超过5%； （4）枯枝残花量不得大于5%	（1）有精美的图案和色彩配置； （2）株行距适宜； （3）不露土，植株无缺株倒伏； （4）基本无枯枝残花
2	花期	（1）开花期一致 （2）全年赏花期达190天以上； （3）确保重大节日有花	（1）开花期一致； （2）花坛全年赏花期达280天以上； （3）确保重大节日有花

序 号	标准 类型 项 目	基本标准（二级）	一 级
3	生 长	（1）植株生长基本健壮； （2）茎干粗壮，基部分枝强健，蓬径基本饱满； （3）株高基本相等	（1）植株生长健壮； （2）茎干粗壮，基部分枝强健，蓬径饱满； （3）花型正，花色纯，株高相等
4	设 施	围护设施完好	围护设施完好无损，和谐美观
5	切 边	（1）与草坪交界处应边缘清晰； （2）若切边，宽度不得大于 15cm，深度为 15cm	（1）与草坪交界处应边缘清晰； （2）若切边，宽度不得大于 15cm，深度为 15cm
6	排 灌	（1）排水良好，无积水； （2）植株基本无失水萎蔫现象	（1）排水畅通，严禁积水； （2）植株不得出现失水萎蔫现象
7	有害生物控制	（1）无明显的有害生物危害状； （2）植株受害率必须控制在 5% 以下； （3）基本无杂草	（1）基本无有害生物危害状； （2）植株受害率必须控制在 3% 以下； （3）无杂草
8	清 洁	无陈积垃圾	无垃圾

4.5 花境养护技术标准

序 号	项 目	基 本 标 准
1	景 观	（1）植株生长正常，株行距适宜，不露底土。高低错落有序，季相变化明显，枯枝残花量不得大于 8%； （2）花卉色彩鲜艳，观赏期长； （3）观花花卉适时开花，观叶植物叶色正常
2	生 长	植株生长健壮，枝叶茂盛
3	设 施	围护设施完好
4	切 边	草坪交界处如有切边，宽度不得大于 15cm，深度为 15cm
5	排 灌	（1）排水良好，无积水； （2）植株不得出现失水萎蔫现象
6	有害生物控制	（1）无明显的有害生物危害状； （2）植物受害率应控制在 10% 以下； （3）无大型、恶性、缠绕性杂草，无影响景观面貌的杂草
7	清 洁	无垃圾

4.6 绿篱养护技术标准

序号	标准 类型 项目	基本标准	
		整形式	自然式
1	景 观	（1）无缺株，无枯株； （2）修剪必须保持3面以上平整饱满，直线处正直，曲线处弧度圆润	（1）无缺株，无枯枝残花； （2）开花植物花期基本一致； （3）修剪保持自然丰满
2	生 长	植株生长健壮，规格大小基本一致	植株生长健壮，规格大小基本一致
3	有害生物控制	（1）无明显的有害生物危害状； （2）植物受害率应控制在10%以下； （3）无杂草	（1）无明显的有害生物危害状； （2）植物受害率应控制在10%以下； （3）无杂草
4	清 洁	无垃圾	无垃圾

4.7 垂直绿化养护技术标准

序 号	项 目	基 本 标 准
1	景 观	（1）植物枝叶分布均匀，疏密合理，无枯枝残花； （2）符合设计要求
2	生 长	蔓藤枝叶茂盛，植株生长健壮
3	设 施	设施安全、完好、无损
4	有害生物控制	（1）基本无明显的有害生物危害状； （2）植物受害率应控制在10%以下； （3）无大型、恶性、缠绕性杂草危害
5	清 洁	无垃圾

4.8 盆栽植物养护技术标准

序号	标准 级别 项目	基本标准	一 级	二 级	三 级
1	景 观	（1）容器完整清洁，容器外形、规格、色彩与植株协调； （2）枝叶生长正常	（1）外观新鲜，花朵大小和数量整齐，效果正常；生长正常；符合品种特性； （2）无机械损伤	（1）外观新鲜，花朵大小和数量较整齐，效果正常；生长正常；符合品种特性； （2）无机械损伤	（1）外观较新鲜，花朵大小和数量较整齐；效果正常；生长正常；符合品种特性； （2）轻微的机械损伤

序号	级别 标准 项目	基本标准	一级	二级	三级
2	生 长	植株生长正常、健壮、枝叶繁茂、适时开花，无枯枝黄叶残花	（1）植株与盆的大小相称，花盆完好，花朵分布均匀；花色纯正，花形完好整齐； （2）花枝（花梗、花序或花葶）健壮；茎、枝（干）健壮，分布均匀； （3）茎叶状况，叶片排列整齐，匀称，形状大小完好，色泽正常	（1）植株与盆大小相称，花朵分布均匀；花色纯正；花形完好较整齐；花枝（花梗、花序或花葶）较健壮； （2）茎、枝（干）健壮，分布较均匀； （3）叶片排列整齐，匀称，形状大小完好，色泽正常	（1）植株与盆大小相称，花朵分布较均匀；花色纯正；花形完好较整齐；花枝（花梗、花序或花葶）较健壮； （2）茎、枝（干）健壮，分布较均匀； （3）叶片排列较整齐，较匀称，形状大小较完好，色泽较正常
3	排 灌	（1）排水畅通； （2）植株不得出现失水萎蔫现象			
4	栽培基质	使用经过消毒的基质			
5	有害生物控制	（1）基本无有害生物危害状； （2）枝叶受害率控制在3%以下； （3）无杂草	无病虫害	无病虫害	同基本标准
6	清 洁	无垃圾			

4.9 月季园养护标准

序 号	项 目	基 本 标 准
1	景 观	月季整株完整、美观，无败花头。修剪合理、主侧枝分布匀称，数量适宜，内膛不乱，通风透光良好，月季地内的绿篱、植物造型定期修剪、整形，美观无缺口。月季地平整，地埂整齐
2	生 长	月季生长势旺盛。生长量超过一般生长量
3	保存率	98% 以上
4	有害生物控制	（1）月季叶片生长健壮，叶色正常，叶大而肥厚，在常规条件下无黄叶、无焦叶、无卷叶、叶上无虫屎、无虫网，被虫食的叶片每株少于5%；垂直绿化的攀缘月季枝叶繁茂； （2）月季枝干健壮，无明显枯枝死杈，休眠前新梢基本木质化，无蛀干虫及活虫卵。主枝每百平方厘米介壳虫在1头以下，细枝上每尺介壳虫活虫在5头以下，有虫植株为总株数的2%以下
5	清 洁	月季株型美观，花色艳丽，无人为损坏，月季地内无堆物堆料，内无砖、瓦、木、石、纸屑等杂物

4.10 草坪养护技术标准

序号	项目	草坪	
		基本标准	一级
1	景观	（1）草种基本纯； （2）成坪高度：冷季型为7~8cm，暖季型为5~6cm，草坪面貌达到基本平整； （3）修剪后无残留草屑堆，剪口无明显撕裂现象	（1）草种纯，色泽均匀； （2）成坪高度：冷季型为6~7cm，暖季型为4~5cm，草坪面貌达到平坦整洁； （3）修剪后无残留草屑，剪口无焦口、撕裂现象
2	生长	（1）生长良好； （2）覆盖率不小于90%； （3）无大于0.5 m² 的集中空秃	（1）生长茂盛； （2）覆盖率大于95%； （3）无空秃
3	切边	切边边缘线明显	切边边缘线清晰，切边宽度不大于15cm
4	设施	护栏完好无损	护栏完好无损美观
5	排灌	（1）有良好的排灌设施，自然排水通畅，雨后4h内积水必须排完。无积水坑； （2）植株不得出现失水萎蔫现象	（1）排灌系统完好无损，自然排水通畅，雨后1h内积水必须排完； （2）植株不得出现失水萎蔫现象
6	有害生物控制	（1）无明显有害生物危害状； （2）草坪草受害率控制在10%以下，杂草量不得超过10%； （3）无大型、恶性缠绕性杂草，无明显影响景观面貌的杂草	（1）基本无有害生物危害状； （2）草坪受害率控制在5%以下； （3）基本无杂草
7	清洁	无垃圾	无垃圾

4.11 地被植物养护技术标准

序号	项目	单植地被		混植地被	
		基本标准	一级	基本标准	一级
1	景观	（1）种植密度基本合理； （2）植株规格基本整齐； （3）基本无死株，群体景观效果较好	（1）种植密度合理； （2）植株规格整齐； （3）无死株，群体景观效果好，季相变化明显	（1）混植种类间协调； （2）无死株和残存枯花	（1）混植种类配置合理； （2）叶色、叶型协调； （3）无死株和残存枯花
2	生长	（1）生长良好； （2）覆盖率大于90%，无大于0.5 m² 集中空秃	（1）生长茂盛； （2）覆盖率大于95%，无空秃	（1）生长良好，基本符合生态要求； （2）覆盖率大于90%，无大于0.5m² 的集中空秃	（1）生长茂盛，符合生态要求； （2）覆盖率大于95%，无空秃
3	排灌	（1）排水畅通，雨后基本无积水； （2）植株基本不出现失水萎蔫现象	（1）排水畅通，雨后无积水； （2）植株不得出现失水萎蔫现象	（1）排水畅通，雨后基本无积水； （2）植株基本不出现失水萎蔫现象	（1）排水畅通，雨后无积水； （2）植株不得出现萎蔫现象

序号	项目	单植地被		混植地被	
		基本标准	一级	基本标准	一级
4	有害生物控制	（1）无明显有害生物危害状； （2）受害率控制在20%以下； （3）无明显大型恶性缠绕性杂草；无明显影响景观面貌的杂草	（1）基本无有害生物危害状； （2）受害率控制在10%以下； （3）无大型、恶性、缠绕性杂草；无影响景观面貌的杂草	（1）无严重有害生物危害状； （2）受害率控制在25%以下； （3）无明显大型、恶性、缠绕性杂草；无明显影响景观面貌的杂草	（1）无明显有害生物危害状； （2）受害率应控制在20%以下； （3）无大型、恶性、缠绕性杂草；无影响景观的杂草
5	清洁	无陈积垃圾	无垃圾	无陈积垃圾	无垃圾

4.12 行道树养护技术标准

序号	级别 标准 项目	三级	二级	一级
1	景观	（1）群体植株青枝绿叶，有遮阴效果； （2）无死树，缺株不得超过3%	（1）群体植株面貌基本统一，生长良好，有较好的遮阴效果； （2）主干上无明显萌生枝条； （3）无死树，缺株不得超过1%	（1）群体植株树冠完整，生长茂盛，规格整齐，有较好的遮阴和生态效益； （2）主干上无萌生的芽条； （3）无缺株、死树
2	生长	植株全年生长基本正常	植株全年生长正常，无明显的枯枝、生长不良枝和树叶黄化现象	植株全年生长正常，无枯枝、断枝和生长不良枝
3	树冠	（1）全程行道树树冠基本统一； （2）无严重影响交通、架空线的树枝	（1）全程行道树冠基本完整统一； （2）基本遵照有关规定，与各项公用设施保持距离	（1）全程行道树树冠完整统一，规格必须一致； （2）严格遵照有关规定，各项公用设施保持距离
4	主干	树干基本挺直，分叉高度不影响车辆通行；倾斜度小于15°的树木不超过10%	树干基本挺直，分叉点高度基本一致，倾斜度小于10°的树木不超过5%	树干必须挺直，分叉点高度一致，不影响车辆通行（胸径45cm以上特大树除外）
5	树桩	路口及风口处的植株必须有桩，扎缚有效	新种植或胸径15cm以下的植株必须有桩。树桩基本无损坏残缺，扎缚完好有效	新种植或胸径15cm以下、路口及穿堂风处的植株必须有完整无损的树桩。扎缚规范、有效
6	树洞	无10cm以上未补的树洞	无5cm以上未补的树洞	无未补树洞
7	树穴	（1）树穴形式基本统一； （2）树穴内不缺土，根系无裸露； （3）树穴内有覆盖	（1）树穴形式统一； （2）盖板或覆盖物完整； （3）种植地被的树穴，地被生长基本良好	（1）树穴形式统一； （2）盖板或覆盖物完整，无空缺； （3）种植地被的树穴，地被生长良好
8	有害生物控制	（1）无严重有害生物危害状； （2）枝叶受害率控制在15%以下； （3）树干受害率控制在10%以下； （4）无明显杂草	（1）无明显有害生物危害状； （2）枝叶受害率应控制在10%以下； （3）树干受害率应控制在5%以下； （4）基本无杂草	（1）基本无有害生物危害状； （2）枝叶受害率必须控制在8%以下； （3）树干受害率必须控制在3%以下； （4）无杂草

序号	级别 标准 项目	三级	二级	一级
9	清洁	（1）树穴无垃圾； （2）树干上无悬挂物	（1）树穴无垃圾，基本有覆盖； （2）树干上无悬挂物	（1）树穴无垃圾，有覆盖； （2）树干上无悬挂物

4.13 竹类养护技术标准

序号	项目	基本标准
1	景观	（1）竹干挺直、枝叶青翠； （2）无死竹及枯枝； （3）有完整的林相
2	生长	（1）竹丛应通风透光，植株生长健壮； （2）新、老竹生长比例恰当； （3）竹鞭无裸露
3	排灌	（1）排水良好、无积水； （2）各种竹类生长期内无失水萎蔫现象
4	有害生物 控制	（1）无严重有害生物危害状； （2）竹叶受害率控制在15%以下； （3）竹梢、竹竿受害率控制在10%以下
5	清洁	无陈积垃圾，保留竹叶

4.14 水生植物养护技术标准

序号	项目	基本标准
1	景观	（1）配置合理，景观优美； （2）花、叶色纯，观花、观叶期长
2	生长	（1）植株生长健壮，保持形态特征； （2）观花观果植株正常开花结果； （3）枯死植株小于5%
3	水质	（1）色度不超过15度；（2）浑浊度不超过5度；（3）不得有异臭；（4）透明度$m \geq 0.5$；（5）pH值6.5~8.5； （6）溶解氧（DO）$\geq 3mg/L$；（7）氨氮$\leq 0.5mg/L$；（8）总磷（P）$\leq 0.05mg/L$
4	有害生物 控制	无严重的有害生物危害状，无杂草
5	清洁	水面种植范围内无漂浮杂物

4.15　古树名木养护技术标准

序　号	项　目	基　本　标　准
1	景　观	（1）保持古树的自然面貌，具有明显的观赏价值； （2）植株（含攀援性古藤）的棚架支撑和倾斜枝干的支撑物必须与古树协调
2	生　长	（1）植株主干、主枝保持形态特征。无病枯、腐烂的枝条和多余的萌蘖枝； （2）无影响植株生长的树洞和创伤； （3）保护区内及古树植株不应有影响生长的建筑物、构筑物等；植株上不应有影响生长的寄生植物； （4）地面覆盖物必须有利植物的生长
3	设　施	（1）植株必须有保护标牌，位置明显，字迹清晰； （2）保护区内的设施（驳岸、围栏、避雷塔等）必须和谐美观、无破损、安全有效
4	排　水	保护区内必须排水通畅、无积水
5	有害生物控制	（1）基本无有害生物危害状； （2）无大型、恶性、缠绕性杂草；保护区内无影响植株生长的杂草
6	清　洁	保护区内无垃圾
7	档案资料	建立一树一档，历史资料齐全，有动态养护记录

第五章　植物保护技术标准

5.1　食叶性害虫防治指标

害虫种类（代表）		主要习性	危害状	防治指标	备　注
鳞翅目	黄刺蛾	分散产卵	纱点—穿孔—缺刻	株虫率＞5%	
鳞翅目	褐边绿刺蛾	集中产孵后不分散	明纱片—缺刻	株虫率＞5%	
鳞翅目	大衰蛾	集中产孵后扩散	透穿孔—缺刻	株虫率＞10%	
鳞翅目	金星尺蝶	集中成块孵后分散	穿孔—缺刻	株虫率＞5%	第一代幼虫有护体虫"襄"、有隐匿虫巢
鳞翅目	樟巢螟	小集中分散产	粘叶缀成巢状	株虫率＞5%	
膜翅目	叶　蜂	集中产孵后不分散	纱网—穿孔—缺刻	虫叶率＞5%	
蛸翅目	叶　甲	集中成块孵后不散	透明斑—穿孔	虫叶率＞5%	
直翅目	负　蝗	集中产孵后幼龄集中	透明斑—穿孔	虫叶率＞5%	

5.2 钻蛀性害虫防治指标

害虫种类（代表）		主要习性	危害状	防治指标	备注
鳞翅目	星天牛	分散产卵	有气孔有排泄物	受害株 > 5%	
鳞翅目	桃红颈天牛	伤裂皮层产卵	皮层内外排泄	受害株 > 5%	
		迂回蛀入			
鳞翅目	薄翅锯天牛	朽洞集中产卵	外无排泄物，仅有羽化孔	受害株 > 5%	及时填补烂洞
		孵后内部扩蛀			
鳞翅目	六星吉丁虫	皮层蛀入	排泄物不明显生长黄萎	受害株 > 2%	
	大叶黄杨吉丁虫			绿篱 > 5%	
鳞翅目	咖啡木蠹蛾	蛀入茎干部	颗粒状排泄物	受害株 > 5%	
			植株枯折黄萎		
鳞翅目	葡萄透翅蛾	蛀入叶腋茎干	有细末状排泄物	藤蔓 > 5%	及时填补烂洞
			受害状节状增粗		
鳞翅目	松稍螟	蛀害新梢	新梢枯折	新梢 > 5%	

5.3 根部害虫防治指标

害虫种类（代表）		主要习性	危害状	防治指标	备注
直翅目	蝼蛄	啮伤根茎	全株枯萎	伤苗率（或面积） > 5%	
鳞翅目	小地老虎	切断根茎	苗木倒伏	伤苗率（或面积） > 5%	
蛸翅目	蛴螬	咬伤根部	全株枯萎	伤苗率（或面积） > 5%	
甲壳动物	鼠妇	咬食盆栽	生长不良	有虫盆 > 10%	
		植物嫩根			
软体动物	蜗牛	舐食叶部	叶面孔洞	受害株 > 5%	污秽叶面

5.4 刺吸性害虫防治指标

害虫种类（代表）		主要习性	危害状	防治指标	备注
蚜虫	蚊母瘿蚜	危害一年 1 次	中面瘿瘤	治瘿蚜株率 > 5%	有虫瘿

害虫种类（代表）		主要习性	危害状	防治指标	备 注
蚜虫	桃蚜	世代量叠	嫩叶皱缩新梢曲	蚜芽率 > 10%	有蜡粉
螨虫	朱砂叶螨	危害世代重叠	叶色黄萎	螨叶率 > 10%	常覆细密蛛网
蚧虫	草覆蚧	一年 1 代		蚧芽率 < 5% 优	有蜡粉
				势天敌 < 10%	
蚧虫	红蜡蚧	一年 1 代	叶色黄萎叶	母蚧枝率 > 5%	有竖厚蜡层
			面煤污		
蚧虫	桑白蚧	危害一年 3~4 代	茎干部灰白	蚧株率 > 10%	
			叶色黄萎		
蚧虫	吹绵蚧	危害世代重叠	生长点萎缩	蚧株率 > 5%	卵囊有护蜡
			叶面煤污		
盲蝽	绿盲蝽	危害 4~5 代	生长点萎缩球形	株害率 > 5%	
网蝽	梨网蝽	危害 4~5 代	叶色褪绿变黄煤污	叶受害率 > 5%	
				（叶背面排污）	
粉虱	桔粉虱	发生 3 代	萎黄煤污	叶虫率 > 5%	有蛹壳
蓟马	红带网纹蓟马	危害 5~6 代	叶色灰褐脱落	虫叶率 > 10%	

5.5 主要病害防治指标

病害类别	侵染来源	传布方式	防治指标
花叶	病株	虫媒、种苗	病叶率 > 35%
白粉	病株病残体	风雨	病叶率 > 15%
灰霉	病株病残体	风雨	病叶率 > 15%
锈病	病株病残体	风传	病叶率 > 15%
叶斑	病株病残体	风雨	病叶率 > 20%
枝枯	病株	风雨	病叶率 > 10%

病害类别	侵染来源	传布方式	防治指标
溃疡	病株	风雨	病株率 > 5%
根癌	病土种苗	土传	病株率 > 5%
根结线虫	病土种苗	土传	病株率 > 10%
白绢	病土种苗	土传	病株率 > 5%
枯萎	病土	土传	病株率 > 5%

绿色钢铁
——中国钢铁企业厂区绿化、矿山复垦成就巡礼

编辑委员会

主　任　陈小甫

委　员　王德春　杨大毅　王光起　杨长林

　　　　冀广超　曹红卫　陆　明　沈国庆